BARBARA LIEBERMEISTER

Die Führungskraft als Influencer

In Zukunft führt, wer Follower gewinnt!

Bibliografische Information der Deutschen Nationalbibliothek

Die Deutsche Nationalbibliothek verzeichnet diese Publikation
in der Deutschen Nationalbibliografie; detaillierte bibliografische Daten
sind im Internet über http://dnb.d-nb.de abrufbar.

ISBN 978-3-96739-000-1

Lektorat: Anja Hilgarth, Herzogenaurach
Umschlaggestaltung: Insa Gonzalez, Frankfurt | www.scope-ffm.com
Autorenfoto: © Salim Chauhan, Photography
Satz und Layout: Das Herstellungsbüro, Hamburg | www.buch-herstellungsbuero.de
Druck und Bindung: Salzland Druck, Staßfurt

Copyright © 2020 GABAL Verlag GmbH, Offenbach

Wir drucken in Deutschland.

www.gabal-verlag.de
www.facebook.com/Gabalbuecher
www.twitter.com/gabalbuecher
www.instagram.com/gabalbuecher

PEFC zertifiziert
Dieses Produkt stammt aus nachhaltig
bewirtschafteten Wäldern und kontrollierten
Quellen.
www.pefc.de

Dieses Buch ist allen Leadern, Führungskräften, Chefs
und Entscheidern gewidmet, die Führung als Chance betrachten,
Menschen weiterzuentwickeln und zu fördern.

Es richtet sich an Menschen, die Leidenschaft und
Verantwortung für andere in ihrer Arbeit erkennen und diesem
Ziel unnachgiebig folgen.

Inhalt

Gebrauchsanleitung

1. **Ansprache:** In unserer heterarchischen Welt erlaube ich mir, dich zu duzen.

2. **Gendering:** Nicht wundern, wenn ich mir den Stress erspare, die männliche und weibliche Ansprache zu differenzieren. Nicht, dass ich das unnötig finde – es ist mir nur einfach zu aufwendig, das ein ganzes Buch lang durchzuziehen. Gemeint sind natürlich immer alle Geschlechter.

3. **Erwartungshaltung:** Du findest hier keine Allroundanleitung oder Generalmethodik, die in fünf Sätzen die Welt neu erklärt. Geh bitte nicht davon aus, dass die Lektüre dieses Buches ausreicht, um dich zu einer erfolgreichen Führungskraft des digitalen Zeitalters zu machen.

4. **Umsetzung:** Führung wird in Zukunft nicht einfacher, sondern im Gegenteil anspruchsvoller denn je. Jeder entwickelt seinen eigenen Stil. Einfach zu kopieren, was andere tun, wird nicht reichen. Doch du erkennst in den Erfolgsstorys und meinen Erläuterungen, worauf du Wert legen solltest, damit dein eigener Führungsstil auf die wichtigsten Prinzipien der neuen Arbeitswelt einzahlt, und womit du die größten Chancen hast, dein Team erfolgreich und mit Spaß an der Sache durch den digitalen Dschungel zu leiten.

1. KAPITEL

Follow me! Das neue Führungsprinzip

Leader werden nicht geboren, sondern gemacht. In Zukunft führt, wer Follower gewinnt. Die neuen Führungsrollen sind temporärer und situativer Natur. Führungskräfte werden zu Influencern und funktionieren nach vergleichbaren Prinzipien, die auch in den Social Media Stars produzieren. Können die Geheimnisse des Influencer Leadership® überhaupt in die Führungspraxis übertragen werden?
Wir betrachten einige namhafte Beispiele für den neuen Trend. Außerdem machen wir einen Ausflug zu Veeva Systems und schauen den Mitarbeitern bei Gore über die Schulter.

Wie wäre es zum Start mit einem Trip nach Barcelona? Ich sitze gerade im Flieger auf dem Weg dahin, um ein paar Tage auszuspannen. Genau genommen habe ich sogar doppelten Grund zur Freude: Die Reise gibt mir nicht nur Gelegenheit, den Kopf frei zu bekommen, sondern auch, meine Tochter zu sehen, die in dieser wunderbaren spanischen Metropole lebt und arbeitet. Nach vier Monaten des reinen Facetime-Kontakts sehen wir uns heute Abend endlich persönlich wieder.

Seit nun fast vier Jahren wohnt sie in Barcelona. Vor anderthalb Jahren ist sie dort auch ins Berufsleben eingestiegen. Und sie hat einen Volltreffer gelandet: Von der ersten Minute an war sie total begeistert von ihrem ersten richtigen Job! Unmittelbar nach ihrem Studium hat sie sich bei Veeva Systems – einem noch relativ jungen amerikanischen Unternehmen – beworben, wo sie nun nach und nach den Berufsalltag kennenlernt und sich mit voller Leidenschaft reinhängt.

Nora nennt sich selbst einen *digital nomad*. Sie gehört also zu jenem Typus digital Arbeitender, die von jedem Ort der Welt arbeiten können. Der Großteil ihrer Arbeit, mit Ausnahme der wenigen persönlichen Kundenpräsentationen, erfolgt digital und über digitale Plattformen: von der Kommunikation mit ihren weltweit verstreuten Teamkollegen bis hin zur Umsetzung und Implementierung der jeweiligen Lösung für den Kunden, der theoretisch ebenfalls überall sein kann.

Ihr Unternehmen, von dem ich mir nun persönlich ein Bild machen werde, wurde erst vor zwölf Jahren von Peter Gassner und Matt Wallach in Kalifornien gegründet. Es entwickelt innovative Systemlösungen für das Management von Produktlebenszyklen, vorrangig in der Biotech- und Pharmaindustrie. Dadurch werden tendenziell langwierige Prozesse (etwa Medikamentenzulassungen) beschleunigt, verborgene Effizienz- und Ergebnispotenziale gehoben und Kosten eingespart. Unter Cloud-Anwendungen, wie Veeva sie nutzt, versteht man Speichersoftware, die über das Internet zur Miete angeboten wird. Die Nutzer, die im Falle von Veeva meist aus der Pharma- oder Biotech-Branche kommen, können so von jedem internetfähigen Gerät auf ihre Daten zugreifen. Services wie Installation, Wartung und Beratung gehören selbstverständlich ebenfalls zum Leistungsumfang.[1] Das junge Unternehmen verfügt über eine beeindruckende Kundenliste mit bis dato bereits über 775 Kunden und wächst kontinuierlich weiter.[2] In den letzten Jahren konnte Veeva einen durchschnittlichen Gewinnzuwachs von jährlich 44 Prozent verzeichnen. Das kann sich sehen lassen – kein Wunder, dass Veeva ein neuer Liebling der Börsianer ist, die von einem langfristigen Erfolg ausgehen.

»Influencing ist für mich die Führung von morgen.«

Dass meine Tochter dort gelandet ist, war purer Zufall. Ursprünglich wollte sie nach ihrem Studium weg aus Spanien. Zwar hatte sie das Land gut kennen- und lieben gelernt, hatte zu diesem Zeitpunkt aber bereits mehrere Jahre dort gelebt und hatte Lust auf eine Veränderung. Doch wie das Schicksal so spielt, fiel die Wahl nicht nur auf ein spanisches Unternehmen, das sie bis zu diesem Zeitpunkt nicht im Fokus hatte, sondern sogar auf eine Branche, die nicht zwingend ihrem Studienschwerpunkt entsprach. Wie kam es dazu?

Ganz einfach: Sie fand die Mitarbeiter und die Kultur von Veeva einfach total »ansteckend«: Das Unternehmen, das wie so viele andere händeringend gut ausgebildete Fachkräfte suchte, war längst auch auf Quereinsteiger mit unkonventionellen Ideen scharf. Da passte meine Tochter für Veeva perfekt ins Bild – und umgekehrt.

Nora bewarb sich und zeigte sich auch nicht erstaunt, dass der komplette Recruiting-Prozess bei Veeva Systems online erfolgte. Neben diversen Telefonaten hatte sie in Videokonferenzen sowie Präsentationen ihre Fähigkeit unter Beweis zu stellen, sich in komplexe Plattformen und deren Funktionsweise hineinzudenken. Das erste persönliche Kennenlernen mit der Führung fand erst viel später in Kalifornien statt – vier Wochen nach ihrem Arbeitsstart. Dort wurde die jährlich stattfindende Konferenz von Veeva nicht veranstaltet, sondern regelrecht zelebriert. Dazu waren fast alle damals weltweit 1200 Mitarbeiter eingeladen. Mittlerweile sind es bereits mehr als 3000. Die äußerst aufwendige Veranstaltung in Orlando hatte unter anderem zum Ziel, den Mitarbeitern persönlich zu zeigen, wie viel Wert man auf die Talente jedes Einzelnen legt, die Mitarbeiter noch mehr zu begeistern, bisherige Erfolge zu feiern und die Zukunftspläne des Unternehmens transparent darzulegen. Dafür werden keine Kosten und Mühen gescheut.

Obwohl ich selbst bei über 100 Veranstaltungen jährlich gebucht bin und dadurch viel Einblick in den Veranstaltungsmarkt habe, ist es auch für mich noch erstaunlich, welche Wirkung die Veranstaltungen bei Veeva Systems haben. Bei so stark emotional aufgeladenen Incentives, bei denen selbst die Gründer und Vorgesetzten sich humorvoll auf der Bühne inszenieren, ist es kein Wunder, dass der Zusammenhalt untereinander, aber auch zwischen den jungen Mitarbeitern und den höchsten Chefs so stark ist. Man spürt deutlich, dass jeder Einzelne stolz ist, bei diesem Unternehmen seine Fähigkeiten beweisen zu dürfen. Die Stimmung, die Freude und die

Ungezwungenheit unter den Teilnehmern sorgen dafür, dass sich jeder gut aufgehoben und wertgeschätzt fühlt.

Wichtiger als die Atmosphäre bei der Veranstaltung ist allerdings: Das ist nicht nur bei der jährlichen Party so. Eine feuchtfröhliche Weihnachtsfeier kriegt jeder hin. Die Kunst liegt bei Veeva darin, dass diese Stimmung sich auch in der täglichen Zusammenarbeit widerspiegelt, sei es persönlich oder digital. Die Begeisterung ist ansteckend und anhaltend und in höchstem Maße, ja: beeinflussend. Das Arbeitsklima ist der Beweis für die uralte These des römischen Philosophen Augustinus von Hippo: »Nur wer selbst brennt, kann Feuer in anderen entfachen.«

Versetz dich doch mal in folgende Lage: Jemand, auf dessen Urteil du vertraust, erzählt dir ganz begeistert, wie toll sich sein neuer Job anfühlt und wie umwerfend die Menschen dort miteinander umgehen. Schon allein, weil dein Gesprächspartner so enthusiastisch und begeistert davon erzählt, bist du automatisch interessiert, oder? Du möchtest das auch erleben, hast Lust dazuzugehören und dich weiterzuentwickeln. Am liebsten möchtest du mal persönlich diese frische Luft schnuppern. Wenn Menschen Leidenschaft verbreiten, werben sie für etwas Gutes. Dafür sind wir als soziale Wesen von Natur aus empfänglich. Wir wollen Teil eines tollen Unternehmens sein und mit beeindruckenden Menschen zusammenarbeiten. Bei diesem Drang handelt es sich um ein intrinsisches Bedürfnis: Nur in einer solchen Umgebung entwickeln wir uns weiter und kommen auf neue Ideen.

In der Psychologie nennt man diesen Anziehungseffekt »contagious emotions«[3]: Gefühle, die positiven wie die negativen, sind ansteckend. Wir haben es alle schon gehört und wahrscheinlich erlebt, wie ansteckend ein Lachen sein kann oder wie traurig es uns macht, wenn jemand weint. So mancher weint direkt mit. Verantwortlich dafür sind laut Experten die sogenannten Spiegelneuronen. Diese Nervenzellen gehören zum Resonanzsystem in unserem Körper und zeichnen dafür verantwortlich, dass wir tendenziell die emotionalen Reaktionen »spiegeln«, die wir bei unserem Gegenüber beobachten.

Bei Veeva herrscht also Ansteckungs- und Begeisterungsgefahr! Damit wären schon mal einige deutliche Unterschiede zu anderen Unternehmen benannt. Leider sind dieselben Viren in vielen anderen Unternehmen noch nicht verbreitet. Dennoch: Immer mehr Unternehmen und Führungskräfte sind bereits infiziert und damit sehr erfolgreich. Sie legen den Fokus darauf, auch ihre Mitarbeiter »anzustecken«. Sie haben die Zeichen der Zeit erkannt und haben es zu einer Mission gemacht, jeden einzelnen Mitarbeiter zu begeistern und für sich zu gewinnen.

Die Vorgehensweise dabei ähnelt sich: Der erste Schritt der Unternehmen ist es, zu zeigen, dass sie froh sind, auf die Talente und Fähigkeiten ihrer Mitarbeiter zählen zu können. Nichts motiviert und bringt unsere Gefühle auf positivere Hochtouren als diese Form von Wertschätzung. Die Begeisterung, die die Mitarbeiter von Kollegen und Vorgesetzten erfahren, berührt sie auf einer tiefen Ebene und überträgt sich direkt auf die eigene Stimmung. So entsteht eine starke Bindung an das Unternehmen, die auf der persönlichen Bindung zum Vorgesetzten beruht.

»Spitzenleistung geht durch Einfluss, nicht durch Druck.«

Menschen können tatsächlich zu begeisterten Anhängern oder »Followern« eines Unternehmens oder auch von Personen im Unternehmen werden. Was könnte man sich als Unternehmen in Zeiten des Fachkräftemangels mehr wünschen?!

Im Institut für Führungskultur werden wir permanent zwei Dinge gefragt. Erstens: Wie schnell können wir das eigene Verhalten und das anderer ändern? Zweitens: Geht das überhaupt oder ist das Wunschdenken?

Jeder von uns beeinflusst ständig andere Menschen. Unabhängig davon, ob wir Führungskräfte, Kollegen, Partner oder Freunde sind: Das, was wir tun und sagen, hat immer irgendeine Wirkung auf unser Umfeld. Vielen ist das gar nicht bewusst. Wir entwickeln uns, indem wir auf das hören, was uns andere Menschen sagen, oder ihr Verhalten beobachten. Wir ahmen andere nach oder tun genau das Gegenteil – je nachdem, was wir aufnehmen und wie uns die Informationen übermittelt werden. Das kann sich in kleinsten Signalen äußern: Wir beobachten eine bestimmte Geste bei einem Menschen und kopieren diese, weil sie uns gut gefallen hat. Oder wir tun genau das Gegenteil davon, was unser Vorgesetzter uns erzählt, weil es uns nicht logisch erscheint.

Der Grund für diese mehr oder weniger bewusste ständige Orientierung im Außen: Wir Menschen wollen stets eine Bestätigung dafür, dass das, was wir tun, das Richtige ist. Wir suchen nicht nur Anerkennung, sondern auch Zustimmung in dem, was wir tun. Im Fall einer Führungskraft stellt sich das so dar: Wenn Mitarbeiter erkennen, dass jemand das auch vor*lebt*, was er vor*gibt*, wenn ihnen also jemand Gutes will, indem er ihre Talente entdeckt und fördert, dann löst er damit positive Gefühle in ihnen aus. Den jüngeren Generationen von Arbeitenden ist das sogar noch in deutlich höherem Maße wichtig als ihren Vorgängern im Arbeitsleben: Arbeit muss sich für sie gut anfühlen.

Das Marktforschungsinstitut Gallup hat in seinen jüngeren jährlichen Studien wiederholt herausgefunden, welch hohen Stellenwert die Arbeit für uns alle mittlerweile hat – früher war das einmal anders. Erstaunlicherweise rangiert der Job inzwischen schon vor Familie und Freizeit. Klar ist, dass die Digitalisierung uns dabei hilft, von überall arbeiten zu können. Insofern verschwimmen die früher recht klar gezogenen Grenzen zwischen Arbeit und Freizeit auch zunehmend. Darüber hinaus brauchen Menschen heutzutage mehr denn je Sinnstiftung in der Arbeit. Schaffen wir es, unseren Mitarbeitern zu vermitteln, wo ihr Talent im Team am besten zum Tragen kommt und dass wir bereit sind, es gemeinsam weiterzuentwickeln, erreichen wir damit als Führende genau diese Wirkung: Wir vermitteln Sinn.

»Influencer« – Krankheitsbild, Modeerscheinung oder ein neuer Typus Lebenskünstler?

Der eine oder die andere wird sich sicherlich noch an die Bravo-Poster in den Jugendzimmern meiner Generation erinnern. Sie waren eine begehrte Beigabe des Jugendmagazins *Bravo*, das bereits 1956 zum ersten Mal aufgelegt wurde und bis heute existiert. Das Kultmagazin mit damals fast einer Million Print-Auflage, die sich heute um über 90 Prozent reduziert hat, kam jeden Monat mit neuen Postern unserer Lieblingsstars. Besonders beliebt waren die Starschnitte: eine Art Poster-Puzzles in Lebensgröße von unseren Kultfiguren, verteilt auf mehrere Ausgaben. Wir sammelten sie akribisch, bis der Star schließlich komplett in unserem Zimmer an der Tür oder an der Wand hing – in Lebensgröße selbstverständlich, so real wie nur möglich.

Im digitalen Zeitalter geht das anders! Heute haben wir bessere Möglichkeiten, direkt mit unseren Idolen in Kontakt zu kommen oder ihnen mindestens – beinahe – in Echtzeit durch ihr Leben zu folgen. Was uns damals die Zeitschrift *Bravo* so gut wie eben möglich lieferte, leistet heute zum Beispiel die Onlineplattform Instagram – und das um Längen besser. Näher ran an die Stars kamen wir noch nie!

Auf »Insta« oder »IG« – so die liebevolle Abkürzung des Plattform-Namens unter begeisterten Nutzern – »folgen« wir unseren Lieblingen virtuell – den sogenannten Influencern. Wenn es geht, auch live bis ins Badezimmer. Und das Ganze inzwischen sogar via Bewegtbild, nicht nur via Foto, der Upload-Möglichkeit von Videos und den Momentaufnahmen, genannt »Stories«, sei Dank. Weil wir dem Tagesablauf unserer Influencer auf diese Weise auf Schritt und Tritt folgen können, vermitteln sie uns per Plattform das Gefühl, ganz nah an ihnen dran zu sein. Statt als Fans monate- und jahrelang ein und denselben Starschnitt unseres Idols anzuhimmeln, sind wir audiovisuell in Echtzeit unseren Influencern ganz nah und nehmen dabei die Rolle eines sogenannten Followers ein. In diesem Zusammenhang gibt es sogar den Ausdruck des »FOMO« (»Fear of missing out«): Wenn der Follower nicht ständig dabei ist, zum Beispiel mal eine Stunde oder einen halben Tag nicht »on« ist, hat er gleich das Gefühl, etwas Wichtiges zu verpassen. Der Begriff »FOMO« wird auch in anderen Zusammenhängen mit der digitalen Lebenskultur verwendet; der eine oder andere kennt das Gefühl vielleicht auch im Zusammenhang mit seinem E-Mail-Posteingang …

Firmen bezahlen Influencer mittlerweile sogar dafür, dass sie einen Lippenstift, eine neue Jeans oder ein Smartphone auf ihrem Instagram-Account in Szene setzen. Der neue Typus »digitaler Star« ist zu einem Geschäftsmodell geworden. Im letzten Jahr haben Unternehmen für diese Form der Vermarktung, genannt »Influencer-Marketing«, mehr als drei Milliarden Euro allein für die Plattform Instagram in die Hand genommen.[4]

Schauen wir uns an, was Toan Nguyen dazu zu sagen hat. Er ist Partner bei der Werbeagentur *Jung von Matt* und hat kürzlich die weltweit größte Studie zum neuen Markt des Influencer-Marketings durchgeführt.[5] Dafür hat er die 1200 bekanntesten neuen Werbeträger analysiert. Dabei kam er mit seinem Expertenteam zu der Überzeugung, dass nur die Influencer, die das engste Verhältnis zu ihren Followern haben, auch zukünftig von diesen Erfolgen getragen werden können.

Es sind die Fans, die ihre Vorbilder erfolgreich machen. Was früher das Poster aus der Jugendzeitschrift *Bravo* war, erledigt heute Instagram – nur eben viel effizienter und kleinteiliger steuerbar. Heute hat man durch die digitalen Möglichkeiten ein gefühlt engeres Verhältnis zu seinem Star. Wenn wir die Fotos oder Videos eines Influencers »liken« oder auch »sharen«, also mit anderen teilen, entsteht eine scheinbare Nähe, da es im Gegensatz zu früher zu einer Art Interaktion kommt. Die Psychologie nennt das eine »parasoziale Interaktion«. Gefühlt haben wir eine zeitlich aktuelle Bindung zu unseren Influencern, wir nehmen regelrecht an ihrem Leben teil. Je mehr von uns das tun, desto besser für die Absender: Die Anzahl der Follower und Likes macht Influencer mächtig.

Influencer sind nicht nur Promis, liebe Führungskräfte

Seinen Ursprung nahm die Begrifflichkeit »Influencer« übrigens bereits lange bevor es eine flächendenkende Nutzung sozialer Medien durch große Teile der Bevölkerung gab. Bereits 2001 verstand der US-amerikanische Psychologe und Marketingexperte Robert Cialdini unter einem Influencer »eine Person mit sozialer Autorität, Geschmack, Hingabe und als Mensch mit einem vertrauenswürdigen, in sich schlüssigen Verhalten«[6].

Laut Erhebungen der Hochschule Macromedia aus 2015 kann bereits jeder elfte Social-Media-Nutzer in Deutschland als Influencer betrachtet werden.[7] Denn es handelt sich dabei nicht nur um Menschen des öffentlichen Lebens mit hohem Bekanntheitsgrad und großer Präsenz in den Sozialen Medien. Gewiss sind vorrangig Künstler, Politiker und Medienschaffende mit hoher Reichweite in den relevanten sozialen Netzwerken als Influencer prädestiniert, doch die Gruppe der Influencer ist inzwischen breit gestreut und umfasst etwa auch Ratgeber in bestimmten Fachgebieten, Werbeikonen, Onlinehändler und viele mehr. Was sie alle eint: Sie gelten durch ihre Expertise und Kompetenz sowie durch ihre hohe Bekanntheit als »Beeinflusser« (deutsch für »Influencer«) des Verhaltens von Menschen oder auch als »digitale Meinungsführer«.

> »Die jüngeren Generationen sind es gewöhnt, gesehen und gehört zu werden – Führungskräfte müssen umdenken.«

Und jetzt wird es spannend, liebe Führungskräfte: Dieses aktuelle Marktphänomen, das sich durch die digitalen Medien in den letzten Jahren zu einem angesagten und lukrativen Berufszweig entwickelt hat, weitet sich inzwischen nicht mehr nur als neues Werbeformat, sondern auch auf der persönlichen Ebene auf die ersten cleveren Führungskräfte aus. Sie schaffen es, Mitarbeiter so zu inspirieren, dass diese froh sind, dabei zu sein, und alles dafür tun, den gemeinsamen Zielen Rechnung zu tragen – wie etwa bei Veeva Systems.

Der Erfolg von Menschen ist abhängig davon, wie wir andere beeinflussen können. Für Führungskräfte ist ihr Einfluss auf andere Menschen, die Mitarbeiter, das wichtigste Tool, um im Sinne des Unternehmens das Verhalten von Teammitgliedern im Positiven zu beeinflussen. Das nennt man Führung! Und das hat einen entscheidenden Einfluss darauf, was Führung in Zukunft bedeuten wird:

Der Vorgesetzte von heute ist kein Alphatier mehr, sondern ein Influencer!

Ein Führender macht heute keine Ansagen mehr, sondern setzt Impulse. Er oder sie ist jemand, der sich als Teil des Teams versteht und Autorität durch Inspiration und Talentförderung ausübt, nicht durch Hierarchie und Weisungsbefugnis. Menschen wollen beeinflusst werden. Sie brauchen Bestätigung für ihr Handeln – vom klassischen Influencer im Privaten und vom Vorgesetzten im Beruflichen. Je mehr diese beiden Felder verschmelzen, desto mehr nähern sich auch diese Rollen an.

Die Aufgabe der modernen Führung ist klar, wenn auch nicht einfach:

Es gilt, Menschen zu gewinnen und zu leidenschaftlichen Anhängern, also Followern, zu machen.

Und ganz so neu, wie denen von uns mit einem konservativeren Verständnis von Führung dies zunächst erscheinen mag, ist es eigentlich auch wieder nicht. Schauen wir bei Wikipedia nach, finden wir unter »Führung« folgende Definitionen: »leiten«, »die Richtung bestimmen«, »in Bewegung setzen«. Das Ganze folgt dem Zweck »der Beeinflussung der Einstellungen und des Verhaltens zur Zielerreichung«.[8] Wenn man es also schafft, andere zu Handlungen zu bewegen oder schlicht ihr Verhalten zu ändern, dann führt man. Eigentlich tun wir das als Führungskräfte in gewisser Weise schon immer: Wir schauen uns an, warum Menschen so handeln, wie sie handeln, und was sie brauchen, um es anders zu machen. Einen Bedarf für Führung gab es deshalb schon immer.

Wenn ein Influencer eines beherrscht, dann ist es genau das: Menschen zu begeistern, anzustecken und zu Handlungen zu bewegen. In der Regel führt das bei den Followern zum Kauf eines Produkts, das der Influencer benutzt oder zumindest empfiehlt. Das reicht für den Follower als Argument aus, es ihm gleichzutun und das Produkt zu erwerben.

Wir alle kennen dieses Prinzip schon aus der klassischen TV-Werbung: Fußballstars benutzen z. B. nach dem Duschen ein bestimmtes Deo und geben ein sogenanntes Testimonial dazu ab – es gefällt ihnen, tut ihnen gut, entspannt, erfrischt, wie auch immer – und ergo benutzt der geneigte Fußballfan eben dasselbe, mal zur Freude, mal zum Entsetzen seiner besseren Hälfte. Die große Zielgruppe der Digital Natives (das sind Personen, die nach 1990 geboren sind und mit den digitalen Medien und deren Gebrauch aufgewachsen sind) sieht jedoch kaum noch fern – dafür ist sie aber ständig online. Nur konsequent also, dass die Produktwerbung je nach Zielgruppe zum Teil bereits fast ausschließlich neue Wege geht.

Das ist der Grund, warum Influencer (in Deutschland bezeichnet der Begriff per Definition üblicherweise eine Follower-Zahl in den sozialen Netzwerken von mindestens 40 000) in der Regel nur online via digitaler Medien und Kanäle wie Instagram, YouTube, Pinterest oder Facebook und Twitch aktiv werden. Dadurch sind die Follower des Influencers zählbar, denn digitale Bewegungen lassen sich durch die Akteure und Marktforscher gut nachvollziehen.

Olapic, eine Visual-Marketing-Plattform, hatte im November 2017 eine groß angelegte Studie von Cite Research durchführen lassen, in welcher je 1000 Verbraucher, aber auch aktive Social-Media-Konsumenten in Deutschland, Frankreich, Großbritannien und den USA zu Online-Nutzungsgewohnheiten befragt wurden. Diese Studie, die aus insgesamt 4000 Personen bestand, die zwischen 16 und 61 Jahre alt waren, lieferte aussagekräftige Ergebnisse zur Einflussnahme von gewissen Influencern und dem Konsumentenverhalten. Warum wird einzelnen Influencern gefolgt und sogar vertraut und wie reagieren die Verbraucher auf Empfehlungen?

Interessant ist zunächst einmal, dass der Influencer der Studie zufolge für den Verbraucher keinen klassischen Prominentenstatus innehat, wie man vermuten könnte. Trotzdem bekennen sich ein Drittel der Follower dazu, dass sie bereits ein Produkt gekauft haben, das ihr Influencer empfiehlt.

Laut Aussagen der Follower war der Kaufgrund die persönliche Glaubwürdigkeit des Influencers und seiner Statements. Ein Großteil der Befragten gibt an, dass sie durch Influencer zusätzliche Informationen über ein Produkt erhalten und dessen Produkttest ihnen erstaunliche Einblicke liefert. Also wird der Influencer durch die Interaktion mit dem Produkt nicht als klassische Werbeikone wahrgenommen, sondern als authentischer Produkttester.[9]

Die genaue Untersuchung des Influencer-Prinzips unterscheidet zwischen drei Typen von Influencern:

1. Der **Key Influencer** ist Autor eines eigenen Blogs, Inhaber eines YouTube-Kanals oder Instagram-Accounts oder ist anderweitig auf Social-Media-Plattformen innerhalb der Zielgruppe aktiv.

2. Beim **Peer Influencer** handelt es sich eher um einen Mitarbeiter oder Geschäftspartner des werbenden Unternehmens, der bei der Zielgruppe einen großen Vertrauensvorschuss genießt.

3. Beim **Social Influencer** schließlich sprechen wir von einem Kunden oder anderen Meinungsmacher, der Eindrücke und Empfehlungen zu konkreten Themen oder Produkten äußert.

Alle drei Formen gelten als Multiplikatoren und üben großen Einfluss auf ihre Zielgruppe aus.

Namhafte Firmen haben daher diese Art von Werbung längst als Marketingtool der Stunde erkannt und zahlen den Influencern verblüffende Summen, damit diese sich mit ihrem Produkt zeigen oder es auf ihren Kanälen besprechen.

Unternehmen verfolgen verschiedene Ziele, wenn sie Influencer kontaktieren. So wollen sie zum Beispiel:

- die Sichtbarkeit des Unternehmens bei Google erhöhen,
- den Bekanntheitsgrad des Unternehmens steigern,
- mehr Menschen auf die Webseite des Unternehmens bringen,
- mehr »Social Signals« generieren (das sind Interaktionen von anderen wie Likes oder Kommentare in den Sozialen Medien).

Neuerdings unterscheidet man zusätzlich zwischen Influencern im eigentlichen Sinne und den sogenannten Micro-Influencern. Das sind solche, deren Followerzahl noch keine gigantischen Dimensionen erreicht hat. Sie haben in der Regel »nur« zwischen 5000 und 10 000 Followern.[10] Oft besitzen diese Micro-Influencer eine größere Nähe zu ihren Followern, weil deren Gruppe noch überschaubarer ist, interagieren auch noch stärker mit ihren Fans und verfügen meist über ein hohes Expertenwissen zu dem jeweiligen Produkt.

An dieser Stelle wird eine weitere Parallele zur Führungskraft im digitalen Zeitalter deutlich. Nicht nur der Influencer beeinflusst andere Menschen in ihrem Verhalten, sondern auch die Führungskraft. Laut unseren eigenen Recherchen im Institut für Führungskultur und anderen Studien suchen Mitarbeiter heute mehr denn je Orientierung bei ihrer Führungskraft. Dafür braucht der Vorgesetzte vor allem eine hohe Glaubwürdigkeit. Lebt die Führungskraft die Grundsätze des Unternehmens und ihre eigenen Visionen nicht persönlich vor, gilt sie heute viel schneller als früher als unglaubwürdig. Die Folge: Er oder sie findet keine Follower!

Doch warum lassen wir Menschen uns eigentlich beeinflussen, ja wollen sogar beeinflusst werden?

Influencer und ihr Erfolgsgeheimnis

Wir haben uns bisher damit beschäftigt, wie erfolgreich die Influencer am Markt agieren und wie sich darauf aufbauend ihr Stellenwert bemisst. Gleichzeitig haben wir festgestellt, dass moderne Führung genauso agieren und dadurch effektiver sein kann. Zoomen wir ein Stück näher heran und betrachten, wie das Vorgehen der Influencer und der Führungskräfte, die sich ihre Erfolgsgeheimnisse zunutze machen, im Einzelnen funktioniert.

Bezüglich der Inhalte zeigen Untersuchungen, dass eine Mixtur von privaten Posts und Inhalten aus dem Kernbereich des jeweiligen Influencers den größten Erfolg bei den Followern verspricht. Der Grund ist, dass Glaubwürdigkeit erst aufgebaut werden kann, wenn die Follower den Menschen hinter dem Content erkennen. Zudem funktioniert eine Produktplatzierung nur dann, wenn sie dosiert erfolgt und in den Kontext des Influencers passt, also nicht künstlich »aufgesetzt« wirkt. Es ist wie in der Führung: Die tatsächliche Glaubwürdigkeit wird nur durch eine Vorbildfunktion erreicht, die eine gewisse Nähe zu der Person und Erfahrung mit ihrem Verhalten voraussetzt. Das heißt, dass der jeweilige Influencer zum einen ausreichend über sich selbst preisgibt und außerdem das Produkt tatsächlich nutzt und von seinen Erfahrungen im Guten wie im Schlechten berichtet. Er teilt also seine persönlichen Erfahrungen mit. Eine Führungskraft wird beispielsweise mit ihrer Meinung, dass sich der Mensch nicht durch das Smartphone steuern lassen sollte, nur dann als »authentisch« wahrgenommen, wenn sie selbst in Meetings das Gerät ausschaltet oder sich nicht davon stören lässt. Follower – in diesem Fall die Mitarbeiter – beobachten sehr genau, was der Influencer tut, bevor sie ihm im wörtlichen oder übertragenen Sinne folgen.

»In unserer Studie wollten wir bewusst untersuchen, welche Unterschiede es zwischen bereits vorher prominenten und rein im Netz entwickelten Digital-Stars gibt und wo die jeweiligen Erfolgsfaktoren liegen«, erläutert Julian Kawohl von der Hochschule für Technik und Wirtschaft Berlin die Herangehensweise seines Teams an eine Studie über die Funktionsweise verschiedener Plattformen.

In der Analyse von über 2300 Beiträgen über den Zeitraum von einem Monat hinweg fanden die Forscher heraus, welches Vorgehen auf den Social-Media-Plattformen Facebook und Instagram mehr Follower, höhere Interaktion mit der Community und Attraktivität für Unternehmen verspricht.[11]

Eine solche Analyse ist genau das, was wir auch als Führungskraft brauchen! Denn die Mechanik und die Mittel sind übertragbar. Ich kann meine Mitarbeiter als meine Follower betrachten, denen ich persönlich einen großen Nutzen bringe und dadurch eine starke Beziehung aufbaue. »Werbung funktioniert immer dann, wenn die Verbindung zwischen Marke und Person passt, einzelne Produkte dezent in die Inhalte integriert und die Frequenz sorgfältig dosiert werden«, so Julian Kawohl weiter. »Wenn das erfüllt ist, kann ein hohes Maß an Glaubwürdigkeit und Authentizität ausgestrahlt werden.«

> **»Ich bin nur bereit zur Höchstleistung, wenn mein Gegenüber auf Augenhöhe agiert, meine Talente erkennt und mich dementsprechend einsetzt.«**

Der Influencer bietet seiner Zielgruppe grundsätzlich einen Mehrwert, einen konkret erkennbaren Nutzen, indem er seine persönlichen Erfahrungen weitergibt.

An dieser Stelle liegt mir ein Hinweis sehr am Herzen: Wenn wir hier von »influence«, also »Einfluss« oder auch »Beeinflussung« sprechen, ist damit nicht gemeint, dass Menschen zu etwas überredet werden sollen. Es geht nicht darum, wie wir andere Menschen manipulieren oder rhetorisch überlisten. Insofern ist dieses Buch auch nicht als rhetorische Trickkiste zu verstehen. Wir sprechen auch nicht davon, wie du anderen heimlich deinen Willen überstülpst. Was du hier stattdessen findest, ist eine Betrachtung von Führungsstilen, -kulturen und -prinzipien erfolgreicher Unternehmen und Führender. Mein Ziel ist aufzuzeigen, was diese Unternehmen anders machen als andere und inwiefern diese Vorgehensweisen als Module in die Führung oder Führungskultur deines Unternehmens und in die Führungspraxis eingebettet werden können.

Ich will erreichen, dass du als Führungskraft den digitalen Wandel mit deinem Team als spannende, aber zu bewältigende Aufgabe verstehst und Spaß daran hast, mit deinem Team gemeinsam neue Wege zu beschreiten.

Ich möchte, dass du ein Bewusstsein dafür entwickelst, wie du deine Einstellung zu Mitarbeitern, zur Zusammenarbeit und schließlich zu der ganzen neuen Arbeitswelt aus freier Entscheidung ändern kannst, wenn du dich dafür entscheidest – und zwar so, dass alle davon profitieren.

Influencer werden – das große Ziel einer neuen Generation von Führungskräften

Nicht umsonst genießt der sogenannte Influencer einen veritablen Hype. Man findet im Internet überall regelrechte Anleitungen, wie man möglichst schnell zum Influencer wird und welche Macht man dadurch genießt.

Falls du dich schon gefragt hast, was aus unserem Trip nach Barcelona geworden ist: Inzwischen sind wir gelandet. Und nun möchte ich dich zu unserem ersten sehr erfolgreichen Influencer einladen: Veeva Systems!

Am Flughafen begrüßt mich freudig meine Tochter – mit einem Blumenstrauß aus bunten Marshmallows! Endlich: Vier Monate haben wir uns nicht in natura gesehen. Zum Glück leben wir im digitalen Zeitalter, und ich konnte die anhaltende Euphorie über ihren neuen Arbeitgeber digital mitverfolgen. »Mama, das ist ein Unternehmen, bei dem ich mir vorstellen könnte, in Rente zu gehen« – diesen und ähnliche Sätze hörte ich von der ersten Minute an von ihr, und diese Stimmung hält noch immer an. Wir kommen gleich darauf zurück.

In einem malerischen Restaurant, wo es angeblich das beste Thunfischtatar in ganz Barcelona gibt, bekomme ich einen detaillierten

Einblick in ihren Arbeitsalltag der letzten Wochen, begleitet von permanentem Augenleuchten. Ich kann es nicht leugnen: Zwischendurch frage ich mich als Mutter schon beinahe, womit ich nach all den Jahren wohl noch eine solche Stimmung bei meinem Kind aufkommen lassen könnte …

Bei Veeva, so berichtet sie mir, ist jeder von morgens bis abends mit Leidenschaft am Arbeiten. Einige Kollegen machen sich trotz ihrer hohen Qualifikation sogar Sorgen, ob ihre Leistungen wirklich gut genug sind, damit sie dieses Spitzenunternehmen in angemessener Weise unterstützen können. Auch hochrangige Vorgesetzte agieren mit Neuankömmlingen auf Augenhöhe. Letztere bekommen sogenannte »Buddies«, also »Kumpels«, zur Verfügung gestellt, die sie im übertragenen Sinn an die Hand nehmen und sich um alle Fragen und deren Wohlbefinden kümmern. Die kooperative Kultur wird dadurch auf einer sehr persönlichen Ebene gelebt.

Manches, was ich da zu hören bekomme, lässt mich aufhorchen: Ich erfahre, dass der 42-jährige Chef den Müll schon mal selbst nach unten bringt. Begeisternd finde ich auch, wie selbstverständlich alle Kollegen unterschiedlichster Herkunftsländer freundschaftlich miteinander umgehen. Unterstützung wird großgeschrieben: So wird Wert darauf gelegt, dass sehr konstruktives und wertvolles Feedback gegeben wird, keine belanglosen Motivationsfloskeln. Selbstverständlich scheint auch zu sein, dass die Freizeit häufig gemeinsam verbracht wird. Durch viele positive Signale – Stimmung, Kommunikation, Verhaltensweisen und Zuwendungen – wird stets Zusammengehörigkeit demonstriert. Mit all diesen Grundsätzen wird die Veeva-Familie permanent weiter aufgebaut. Nach all dem kann ich es kaum erwarten, den Kollegenkreis meiner Tochter gleich morgen persönlich kennenzulernen!

Bei strahlendem Sonnenschein betrete ich am nächsten Morgen das Büro inmitten von Barcelona, nur wenige Straßenbahn-Stationen von der Wohnung meiner Tochter entfernt. Wir fahren per Lift in den siebten Stock und stehen alsbald vor einer Glastür, hinter der in Knallorange das VEEVA-Logo prangt. Und nicht nur das Logo!

Kaum betreten wir die Büroetage, umgibt mich augenblicklich eine mit Händen greifbare, prickelnde, quirlige und sehr engagierte Atmosphäre. Woran mache ich das fest? Wir sehen keine klassischen Büroräume, sondern vielmehr einen großen Raum, der umgeben ist von einer umseitig laufenden Terrasse mit Ausblick über ganz Barcelona. In der Küche nimmt den meisten Platz ein Tischkicker ein! Die Möglichkeiten der kreativen Arbeitsgestaltung werden auch aktiv in den Arbeitsalltag integriert: Einige sitzen hoch konzentriert an ihrem Rechner (dem Großraumbüro geschuldet tragen einige deshalb Kopfhörer). Andere telefonieren mit den weltweit verstreuten Kunden auf Englisch, der Unternehmenssprache. Wieder andere diskutieren mit einem Kollegen auf der Terrasse über ein Problem, bei dem sie nicht weiterkommen, vielleicht auf Spanisch, und finden eine Lösung, auf die sie alleine nicht gekommen wären. Zwei weitere sind gerade in einem gläsernen »Think Tank« ins Vieraugengespräch vertieft. Eine weitere Gruppe kickt im Vorbeigehen am Tischfußball ein paar Bälle ins Tor. Andere Kollegen meiner Tochter, von denen keiner älter ist als Anfang 30, stehen in kleinen oder größeren Grüppchen in sogenannten »Stand-up-Meetings« beisammen und besprechen den Tagesablauf.

»Eine Führungskraft ist immer auch ein Talentscout.«

Der Chef? Nirgends zu sehen. Wer ist hier überhaupt der Chef? Es scheint, als koordiniere sich das Team der gerade anwesenden 50 Mitarbeiter komplett selbst. Dennoch scheint es, dass jeder genau weiß, was er zu tun hat. Wenn nicht, stehen genügend Kollegen mit Rat und Tat zur Seite. Wo ich hinschaue, werden hochkomplexe Projekte mit offensichtlicher Passion für die Biotech- und Pharmaindustrie durchgezogen, und das mit wahrer Begeisterung. Eher komme ich mir vor wie auf einem Firmenevent oder auf einem Universitätscampus als bei einem normalen Arbeitstag in einem normalen Unternehmen. Die Kommunikation untereinander ist unkompliziert, fast schon lässig, auch wenn es um anspruchsvolle Inhalte geht. Hier hat es offensichtlich niemand nötig, sich mit seiner Position oder seinem Spezialwissen zu inszenieren. Die Stimmung ist elektrisierend, aber nicht angespannt; eine besondere Atmosphäre, die mir sehr gefällt.

Spätestens jetzt, nachdem ich diese Eindrücke live aufsaugen konnte, ist mein Interesse geweckt: Was steckt hinter dieser besonderen Arbeitsweise, und wie wird diese einzigartige Atmosphäre erreicht – und das an verschiedenen Standorten weltweit und doch gemeinsam wie ein großes Team?

Wie ich in meinem letzten Buch *Digital ist egal*[12] beschrieben habe, entstehen erfolgreiche Teams nicht mal eben auf Knopfdruck. In manchen Unternehmen ist »TEAM« ja bis heute die Abkürzung für: »Toll, ein anderer macht's!«

Anhand von zwei weiteren Unternehmen möchte ich dir schildern, wie diese die Zusammenarbeit in ihren Teams gestalten – und damit erfolgreich sind: als Arbeitgeber und als Marktführer.

Googles »Aristoteles-Projekt«

Matt Sakaguchi, 52, früher Polizist und Teil einer Spezialeinheit, ist seit mehr als zehn Jahren Teamleiter bei Google. Als eines seiner Teams nicht gut funktionierte, beteiligte er sich am »Aristoteles-Projekt« (siehe dazu auch Kapitel 8). Dabei untersuchte Google mithilfe von Psychologen, Statistikern, Soziologen und Ingenieuren mit einem Millionenaufwand zwei Jahre lang 180 Teams, um herauszufinden, wie Zusammenarbeit am besten funktioniert. Denn ganz zu Beginn der Unternehmensgründung hatten sich die beiden Gründer Larry Page und Sergey Brin einfach die besten Leute ausgesucht und sie »machen« lassen. Doch so funktioniert auf Dauer kein Teambuilding bzw. erhält man nicht die besten Ergebnisse.[13] Das Projekt sollte herausfinden, was tatsächlich das Geheimnis von gut funktionierenden Teams ist.

Man startete damit, dass alle Studien zum Thema unter die Lupe genommen und Antworten auf die zentralen Fragen gefunden wurden: Funktioniert ein Team besser, wenn alle Mitglieder ähnliche Interessen oder Hobbys haben? Funktioniert eine Mischung aus Intro- und Extrovertierten am besten? Klappt die Zusammenarbeit besser, wenn sich die Teammitglieder auch privat treffen? Doch die

Auswertung erwies sich als frustrierend, weil all diese Aspekte keinen wirklich schlüssigen Einfluss auf die Qualität der Teamarbeit hatten, wie sich herausstellte. Und wann sprechen wir überhaupt von einem effektiven Team? Ist es eines, das die meisten Fehler behebt, oder eines, in dem sich jeder wohlfühlt und Streitigkeiten schnell beigelegt werden?

Fragen, die es in der neuen Arbeitswelt auf neue Weise zu beantworten gilt. Bei Google legte man sich für die Zwecke der Studie fest: Ein effektives Team ist eines, das Ergebnisse termingerecht und in hoher Qualität liefert und in dem sich zudem alle wohlfühlen. Der Wohlfühlaspekt zahlt dabei auf den Faktor Sicherheit ein. Denn nur, wenn man sich in einem Team gut genug aufgehoben fühlt, um auch Risiken einzugehen und sich verletzlich zeigen zu können, kann aus psychologischer Sicht von einem Gefühl der Sicherheit ausgegangen werden, das eine entscheidende Voraussetzung für gute Ergebnisse ist.

In Kapitel 8 gehe ich auf die Ergebnisse dieser Studie noch ausführlicher ein. An diesem Punkt nur so viel: In allen genannten Kriterien sind Unternehmen wie Veeva, in denen Führungskräfte ähnlich agieren wie Influencer, weit vorn – und erzielen deshalb besonders gute Ergebnisse.

Das Influencerprinzip bei W. L. Gore & Associates, Inc. – kein Phänomen der Neuzeit

Jetzt könnte der eine oder andere sagen: Warten wir mal ab, ob sich dieses neue Führungsverhalten nachhaltig bewährt oder ob es nur ein vorübergehender Hype ist – es wäre ja nicht die erste »neumodische Arbeitskultur« mit kurzer Lebensdauer.

Ja, das könnte man einwenden – wenn es da nicht Firmen wie W. L. Gore & Associates, Inc. gäbe. Das weltbekannte Unternehmen stammt aus einer ganz anderen Branche als Veeva. Gore stellt wasserfeste, aber atmungsaktive Funktionskleidung her – und das nicht erst seit vorgestern, sondern schon seit fast 70 Jahren.

Umso verblüffender, wie groß die Ähnlichkeiten mit dem Arbeitsstil bei Veeva sind. Auch bei Gore gibt es nur Führung auf Augenhöhe, denn die Mitarbeiter führen sich selbst. Statusgehabe? Fehlanzeige – und das seit dem Gründungsjahr 1958. Bei Gore gilt seit jeher die Grundregel: »No ranks, no titles«[14] – keine Hierarchien, keine Titel, noch nicht mal auf der Visitenkarte. Jeder ist gleichermaßen – ja, was denn eigentlich? Mitarbeiter? Streng genommen auch das nicht. In seinem Selbstverständnis hat Gore weder Chefs noch Mitarbeiter. Alle, wirklich alle sind »Associates«, also Partner und Miteigentümer des Unternehmens. Das ist der Grund, warum sich jeder Einzelne mitverantwortlich fühlt für den Erfolg der Firma. Kein Wunder, denn bereits jeder Neuankömmling erhält einen Teil seines Gehalts nicht in bar, sondern in Firmenanteilen ausgezahlt – 11 Prozent des Gehalts, um genau zu sein.

Selbst die Präsidentin und CEO des Unternehmens, Terri Kelly, bildet hier keine Ausnahme. Sie ist eine von 10 000 Associates. Den üblichen Titel trägt sie nur, weil es die US-Gesetze bei Kapitalgesellschaften so verlangen. Tatsächlich ist sie den ganzen Tag damit beschäftigt, Follower zu sammeln. Sie gehört zu den Führungskräften, deren Selbstverständnis auf der Frage beruht, wie viele Follower sie innerhalb ihres Unternehmens haben – das magische Wort »Influencer« ist auch ihnen Gesetz. Und das aus freien Stücken!

Diese Überzeugung geht bereits auf die Gründungsgeschichte von Gore zurück. Denn Gründer Bill Gore war ganz am Anfang seiner beruflichen Laufbahn bei DuPont angestellt und hatte schon dort ganz viele Ideen, wie man neuartige Funktionskleidung herstellen könnte. Doch alles, was seinen Vorgesetzten dazu einfiel, war, ihn zu reglementieren und ihm vor Augen zu führen, dass er nur ein einfacher Mitarbeiter sei und sich um seine herkömmliche Arbeit kümmern solle – nicht um Neuentwicklungen. Bill Gore war darüber so wütend, dass er kündigte und sein eigenes Unternehmen gründete – W. L. Gore & Associates, Inc. Hier, schwor er sich, werden Chefs keine Ideen killen.

Und was wurde daraus? Heute gehört sein Unternehmen zu den Weltmarktführern. Erreicht hat es diese Position durch konsequente

Verantwortungsübertragung auf die Mitarbeiter. In kleinen Teams werden bei Gore schon seit Firmengründung die besten Ideen geboren. Hier herrscht ein Minimum an Kontrolle und ein Höchstmaß an Selbstverantwortung. Alle verpflichten sich regelmäßig zu sogenannten Commitments und erhalten den Auftrag, sich für ihr Vorhaben innerhalb der Firma Follower zu suchen. So entstehen freiwillige Netzwerke und ein hohes Maß an Engagement.

Vielleicht kennst du das aus eigener Erfahrung: Wenn wir Mitarbeitern Eigenverantwortung übertragen und ihnen genügend Freiräume zur Verfügung stellen, entstehen Projektideen wie von selbst. Dadurch, dass die Verantwortung so hoch ist und sich jeder Einzelne als mitverantwortlich für das Ergebnis betrachtet, ist auch jeder hoch motiviert und wirkt ansteckend auf die Kollegen, die er für das Projekt gewinnen möchte.

Bei Veeva und Gore gewinnt man Kollegen und Mitarbeiter also durch die eigene Vision und durch Leidenschaft – na, da klingelt doch etwas, lieber Influencer in spe?!

Besonders erstaunt mich bei diesen Pionier-Unternehmen die Organisation der Zusammenarbeit. Teams, die größer sind als etwa acht Leute, gibt es nicht. Bei dem zugrunde liegenden Prinzip der »Amöbe« handelt sich um eine Art Gitternetz, das die Mitarbeiter oder auch Partner selbst schaffen. Zwischenmenschliche Beziehungen aufzubauen und die Menschen für eigene Projekte zu begeistern ist die Basis von allem. Wird ein Team größer, dann teilt es sich – daher der Vergleich mit der Amöbe. Der Grund liegt auf der Hand: Nur in kleinen und überschaubaren Teams ist eine schnelle, direkte und reibungslose Kommunikation möglich. »Die Arbeit auf Augenhöhe mit allen und die große Selbstverantwortung, das lieben die Leute bei Gore.«[15]

Was ist also aus Mitarbeitersicht so außergewöhnlich bei Gore? Beim Recruiting wird zuerst einmal darauf geschaut, ob die Person von ihrer Einstellung her ins Unternehmen passt. Genauso hat es meine Tochter bei Veeva erlebt. Denn obwohl sie »International Business« studiert hat – ein relativ generalistisch aufgestelltes Studium – und sich im Masterstudium auf Nachhaltigkeit konzentrierte, bekam sie den Job – und das, obwohl bei Veeva naheliegenderweise Mitarbeiter mit IT-Vorkenntnissen oder einschlägigen Abschlüssen bevorzugt werden. Eigentlich. Doch Unternehmen, denen es auf eine Follower-Kultur, Begeisterung und Persönlichkeit ankommt, achten eher auf Talente als auf den Lebenslauf.

So ist es auch bei Gore: Auch dort spielt die Möglichkeit zur Selbstverwirklichung und zur Entdeckung eigener Talente die größte Rolle. Kein Führender versteht sich hier als »Kontrolleur«, sondern eher als Berater und Moderator seines Teams. Das individuelle Wissen wird für das große Ganze eingesetzt und dient der Zusammenarbeit. Dazu passend setzt sich das Gehalt aus der Bewertung aus Kollegensicht, aber auch aus dem möglichen Marktwert am Arbeitsmarkt zusammen. Doch um das Gehalt allein geht es hier sowieso niemandem: Personalmangel hatte Gore noch nie, obwohl die Verdienstmöglichkeiten (mit Ausnahme der 11 Prozent in Anteilen) eher durchschnittlich sind. Da Gore nicht börsennotiert ist, wird der Unternehmenswert vierteljährlich von einer Wirtschaftsprüfungsgesellschaft ermittelt. Auch bei Veeva erhalten die Mitarbeiter übrigens eine Unternehmensbeteiligung in Form von Aktien als zusätzlichen Einkommensbestandteil.

> »Die Führungskraft als Influencer ist wie ein Dirigent: Sie führt ihren Mitarbeitern ihre Talente vor Augen und orchestriert sie auf das große Ganze.«

Freigeist wird in beiden Unternehmen belohnt: Haben Associates bei Gore augenscheinlich verrückte Projektideen, wird dies gefördert und zahlt sich in der Regel aus. Beispielsweise überzog ein Ingenieur die Bowden-Züge seines Mountainbikes mit PTFE, einem Werkstoff mit besonderen Eigenschaften unter starker Beanspruchung. Dann kam ihm die Idee, dass man das auch mit Gitarrensaiten machen könnte. Heute ist Gore mit seinen »Elixir«-Gitarrensaiten Marktführer – in einem Segment, das ursprünglich nicht zum Kerngeschäft gehörte.

Das Beispiel Gore zeigt: Wertschätzend und heterarchisch zu führen, also nicht durch Hierarchie, sondern als Gruppe von gleichberechtigten Teilnehmern oder auch Managern innerhalb einer Unternehmenseinheit, ist keine originäre Erfindung des digitalen Zeitalters. Das gibt es bereits seit Jahrzehnten. Und die Unternehmen, die so arbeiten, sind damit schon länger äußerst erfolgreich. Es scheint also etwas für sich zu haben, nicht kraft der eigenen Position zu führen, sondern über den persönlichen positiven Einfluss auf Augenhöhe, den man auf die Menschen in seinem Umfeld ausübt. Solche Führende können vor allem eines: Menschen überzeugen und mitnehmen auf eine Mission, für die sich alle gemeinsam entscheiden und begeistern.

Fazit: Mitarbeiter wollen keine Bosse mehr

Ich denke, eines ist an diesem Punkt überdeutlich geworden: Mitarbeiter wollen gern arbeiten, begrüßen die Flexibilität der heutigen Arbeitswelt, benötigen aber auch die passenden Chefs dazu. Diese Vorgesetzten sind keine Bosse im klassischen Sinne mehr. Es sind Menschen, die es schaffen, auf Augenhöhe zu agieren, und die nicht auf Status aus sind. Vielmehr ist ihnen bewusst, dass die wichtigste Währung im digitalen Zeitalter der Mitarbeiter ist. Und den gilt es nicht nur einmalig zu gewinnen, sondern auch dauerhaft an sich und das Unternehmen zu binden.

In den letzten drei Dekaden hat sich unsere Arbeitswelt verändert. Job ist nicht mehr nur Job, sondern Arbeit wird zur erweiterten Identität. Meist erkennen wir das als Arbeitende selbst nicht, jedenfalls nicht in vollem Umfang. Umso mehr brauchen wir Menschen, die uns in wohlwollendem Kontext fördern und unsere Talente begrüßen. Diesen Menschen vertrauen wir nicht nur, sondern sie stellen etwas ganz Besonderes für uns dar – wir akzeptieren sie als unsere Influencer.

Menschen wollen wissen, was sie in der Organisation leisten können, und wollen vor allem konstruktives Feedback erhalten. Sie wollen nicht auf das eine Jahresgespräch kurz vor dem Urlaub warten, sondern in ständiger Kommunikation mit der Führungskraft sein. Der Sinn seiner Arbeit muss dem Einzelnen klar sein und im Vordergrund stehen. Jeder einzelne Mitarbeiter will gesehen, respektiert und seinen Talenten entsprechend gefördert werden. Er möchte individuell geführt werden und anerkannt sein.

Und wieder grüßt das Marktforschungsinstitut Gallup an dieser Stelle ganz deutlich mit seiner letzten Umfrage in 2018[16]. Motivierende Führung und der Grad der Bindung der Mitarbeiter an ein Unternehmen hängen eng zusammen. Erschreckenderweise fühlen sich nur noch 15 Prozent hierzulande emotional an ihr Unternehmen gebunden. Das führt gleichzeitig dazu, dass diese Mitarbeiter sich weder als Markenbotschafter verstehen noch den Arbeitgeber weiterempfehlen. Insofern ist die Aussage von Marco Nink, Regional Lead Research & Analytics EMEA bei Gallup, nur verständlich: »Führungskräfte müssen sich bewusst sein, dass sie diejenigen sind, die durch ihr Verhalten einen erheblichen Einfluss auf die Unternehmenskultur haben. Denn emotionale Bindung wird im unmittelbaren Arbeitsumfeld erzeugt.«[17]

Die Konsequenz für uns als Führungskräfte kann nur sein, dass wir in Zeiten von selbstorganisierten Teams weiterhin stark gefragt sind – aber nur, wenn wir gute Beziehungen zu den Mitarbeitern pflegen und uns jedem persönlich widmen. Wir forschen nach ihren Stärken, suchen nach individuellen Talenten, entwickeln den Einzelnen weiter und zeigen persönliche Perspektiven auf. Der Mitarbeiter profitiert von mir als Influencer, indem ich Nutzen stifte – für ihn und für uns als Team. Diese Haltung zieht weite Kreise: Sind deine Mitarbeiter zufrieden, hast du auch zufriedene Kunden.

Eine dafür grundlegende Erkenntnis zu betonen ist mir besonders wichtig: Die meisten Menschen sind von Natur aus bereit, die Welt zu bewegen, Dinge voranzutreiben und sich »anstecken« zu lassen. Es geht nicht darum, dass bestimmte Incentives dringend gebraucht werden, um alle Probleme zu lösen. Der Obstkorb, der Betriebskindergarten, die flexible Arbeitszeit sind Signale, die zeigen, dass der Mitarbeiter wertgeschätzt wird. Bedeutet es anfangs einen

Mehraufwand, eine solche Kultur der Wertschätzung einzuführen? Vielleicht. Na und? Ein Influencer stellt sich selbst einem Erprobungs- und Entwicklungsprozess, um andere zu animieren, es ihm gleichzutun. Von nichts kommt nichts – auch nicht in der digitalen Welt.

In diesem Kapitel habe ich dich in meine Überlegungen zum Influencerprinzip eingeführt. In den folgenden Kapiteln erfährst du, wie einfach es sein kann, die klassische Hierarchie zu verlassen und den Weg »vom Boss zum Influencer« zu gehen. Stell dir vor, dass auch du diesen Spirit, den Gore und Veeva implementiert haben, schaffen kannst. Jeder generiert durch seine Haltung und sein Verhalten seine eigenen Follower. Gemeinsam hechelt ihr dann nicht mehr sinnentleerten Zielvereinbarungen hinterher, sondern schafft ganz andere Ergebnisse als bisher. Ihr freut euch auf den digitalen Wandel und auf alles, was er mit sich bringt. Ihr habt keine Angst vor digitaler Transformation, sondern geht spielerisch neue Wege. Führung soll allen Spaß machen; sie soll Lust bereiten, Probleme anzugehen.

Der Vorteil der neuen Führung ist gerade der, dass sie in mancher Hinsicht klarer wird: Der Influencer Leader arbeitet nicht mehr kleinteilig, sondern global. Er gibt Impulse, lässt andere machen, konzentriert sich aufs Wesentliche. Er oder sie muss nicht zu allem seinen oder ihren Senf dazugeben, sondern liefert Inspiration dort, wo sie erforderlich ist – dort, wo sie substanzielle Beiträge leistet. Dein Leben als Influencer-Führungskraft wird nicht plötzlich ein Kinderspiel, aber sie wird einfacher.

Und dabei untergräbt das neue Führungsprinzip nicht etwa deine Autorität, sondern macht dich machtvoller denn je, weil du Follower generierst. Dein Team hat ja Spaß daran, mit dir zu arbeiten, es will teilhaben an deiner Sinngebung! Erst dadurch wirst du wirklich gebraucht – und ganz bestimmt nicht überflüssig.

Bevor wir uns auf den Weg zum Influencertum machen, kannst du mit den folgenden Fragen den Kapitelinhalt noch einmal reflektieren. Außerdem kannst du mit ihrer Hilfe herausfinden, inwiefern du möglicherweise schon nach dem Prinzip des Influencer Leaderships® führst.

 ## Reflexionsfragen

1. Hast du einen Instagram Account?
2. Wen würdest du als Influencer betrachten – zeit- und plattformunabhängig?
3. Welche tatsächlichen Influencer im hier beschriebenen Sinne kennst du und welche findest du interessant?
4. Was gefällt dir an ihnen?
5. Hast du dich schon mal für etwas interessiert, weil es auf Social Media stark propagiert wurde?
6. Welches Muster, das dein Interesse lenkt, fiel dir dabei auf?
7. Wenn du im Internet unterwegs bist, welche Unternehmen interessieren dich?
8. Folgst du deinem eigenen Unternehmen auf irgendeiner Plattform?
9. Wenn ja, warum? Wenn nein, warum nicht?
10. Wie hast du bisher geführt – hierarchisch oder heterarchisch?
11. Wie übst du Einfluss auf andere Menschen aus? Wie agierst du dabei im Detail? (Durch Anweisungen? Mit Überzeugungskraft? Über Gemeinsamkeiten?)
12. Warum, glaubst du, folgen dir Menschen?
13. Stell dir vor, du agierst ab morgen als Influencer – was würdest du anders machen als bisher?

2. KAPITEL

Menschenskind! Vertrauen ist besser als Kontrolle

Der radikal neue Ansatz von Führung verändert alles: Der Mensch wird zum Dreh- und Angelpunkt. Als Influencer kann und muss er nichts erzwingen. Es gilt, Menschen Raum zu geben, statt ihnen Vorschriften zu machen. Der Schlüssel dazu, dass dieser neue Stil funktioniert, ist Führung auf Augenhöhe und mit Wertschätzung gegenüber allen Beteiligten. Die Führungskraft wirkt als Menschenkenner, Integrator und Teil des Teams. Haltung zählt mehr denn je. Integrationsfähigkeit wird zur Kernkompetenz.

Kennst du Insa Klasing? Sie ist eine sehr erfolgreiche Chefin, und das aus einem eher überraschenden Grund: Sie lernte loszulassen. Mehr oder weniger mit einem Schlag gelang es ihr, die Kontrolle in ihrem Unternehmen praktisch komplett an ihre Mitarbeiter abzugeben.

Insa Klasing startete ihre Karriere als Unternehmensberaterin bei Bain & Company in London. Anschließend wurde sie Deutschland-Chefin von Kentucky Fried Chicken (KFC), verdoppelte innerhalb von fünf Jahren den Umsatz und stampfte in dieser Zeit fast so viele neue Restaurants aus dem Boden, wie das Unternehmen in den 40 Jahren zuvor eröffnet hatte. Nach weiteren bemerkenswerten Karriereetappen gründete sie ihr eigenes Unternehmen in Berlin, das sich darauf spezialisiert hat, innerhalb einer zwölfwöchigen Begleitung das Mindset von Mitarbeitern zu verändern und damit nicht nur sie, sondern auch deren Unternehmen auf diese Weise erfolgreicher und zukunftsfähiger zu machen. Ein attraktives Versprechen für Menschen wie für Unternehmen, keine Frage. Nicht umsonst wurde Insa Klasing 2017 vom World Economic Forum zum Young Global Leader gekürt. Ich empfehle dir ihr Buch, dort erfährst du mehr über ihre Methodik: *Der 2-Stunden-Chef: Mehr Zeit und Erfolg mit dem Autonomie-Prinzip*[1].

Wie aber gelang es ihr, in ihrem offensichtlich unbändigen Unternehmerdrang, gleichzeitig völlig loszulassen und ihren eigenen Mitarbeitern die Kontrolle zu überlassen? Schließlich war sie zuvor selbst in klassischen Arbeitsumfeldern tätig gewesen und hatte auch ihr eigenes Unternehmen zunächst in relativ typischer Formation gestartet.

Der Auslöser für ihre Transformation in Rekordzeit war, wie so häufig, ein unerwartetes Ereignis. Als sie noch Top-Managerin eines Großunternehmens und beruflich von morgens bis abends durchgetaktet war, brach sie sich bei einem Reitunfall den Arm und das rechte Handgelenk und fiel volle zwei Monate aus. Das muss man sich mal vorstellen: Oft sind für Führungskräfte zwei Wochen Urlaub schon eine Herausforderung. Bei drei Wochen wird es schon ernsthaft schwierig, eine vernünftige Vertretungsregelung auf die Beine zu stellen, vom Stress bei der Rückkehr ganz zu schweigen. Aber zwei Monate Ausfall aufgrund von Krankenhausaufenthalt und Reha? Das war ein Schock für die Unternehmensgründerin. Wie sollte das bloß funktionieren?

Heute sagt Insa Klasing in ihrem Buch, es sei das Beste gewesen, was ihr passieren konnte. Denn von selbst wäre sie nie auf die Idee gekommen, ihren Führungsstil so radikal zu ändern. Stattdessen kam ihr das Schicksal zu Hilfe.

Direkt nach dem Unfall war sie selbst zu einfachsten Tätigkeiten nicht fähig. Sie konnte nicht einmal eine Unterschrift leisten, sich keine Notizen machen, die Handtasche tragen, Türen öffnen. Sie, die immerhin bereits vorher für ihren kooperativen Führungsstil bekannt gewesen war, war nun gezwungen, die Zusammenarbeit mit ihrem Team auf ein ganz neues Level zu heben: Sie lernte loszulassen und mit zwei Stunden Führungsarbeit pro Tag auszukommen. Den Rest kompensierte sie, indem sie all ihr Vertrauen in die Fähigkeiten ihrer Leute setzte.

Der Erfolg gibt ihr rückwirkend recht: Sie ist später auch als Gründerin ihres eigenen Unternehmens einfach in diesem Modus geblieben. Bis heute macht Insa Klasing nur so viel typische Chefinnen-Arbeit wie nötig. Zwei Stunden täglich reichen ihr dafür noch heute. Dafür nimmt sie, die früher kaum Zeit zum Essen hatte, gern die Gelegenheit wahr, entspannt mit ihren Mitarbeitern zum Lunch zu gehen. Dabei lässt sie sich berichten, was gerade gut läuft und was nicht. Sie hat gelernt abzugeben und dadurch Zeit gewonnen für das Wesentliche: Mitarbeiterförderung und Unternehmensentwicklung.

Komm schon, gib es zu: Ich kann das Leuchten in deinen Augen förmlich sehen. Mir ging es nicht anders, als ich die Geschichte von Insa Klasing las. Die Frage ist: Wie kannst auch du dein »Chefsein« im üblichen Sinne radikal reduzieren und dabei gleichzeitig effektiver führen?

Das Ende des Kontrollwahns

Das digitale Zeitalter erfordert ein komplettes Umdenken bisheriger Geschäftsmodelle und -abläufe. Schneller denn je müssen neue Ideen, Produkte und Services entwickelt werden. Dafür brauchen wir geistige Hochleistungssportler! Einen Leistungssportler zeichnet neben seinem Können seine hohe Motivation aus. Um Mitarbeitern diese Mentalität eines freiwilligen, lustorientierten Leistungswillens zu vermitteln, brauchen wir einen komplett neuen Ansatz in der Führung. Vom weitverbreiteten herkömmlichen Führungsstil, bei dem auf kleinteilige Weisungen penible Kontrolle folgt, brauchen wir einen Ansatz, der den Mitarbeiter in den Fokus setzt und ihm den Raum zur Entfaltung seiner Möglichkeiten und Talente gibt. Mit Kontrolle ist Entfaltung nicht möglich. Mitarbeiter brauchen Freiraum, um ihren Job nach ihren eigenen Möglichkeiten perfekt ausfüllen zu können – und ihre Vorgesetzten brauchen ihn auch.

Nur so kann das entstehen, was wir dringend benötigen: eine neue Arbeitskultur, in der jeder sein Bestes gibt statt nur das, was man ihm vorgibt. Kontrolle, wie sie bisher in vielen Unternehmen als Führungsstil praktiziert wird, frisst Zeit, Potenziale und Motivation einfach auf. Ich bin sicher: Du kennst den Effekt aus eigener Erfahrung.

Mit Kontrolle sind schließlich die meisten von uns groß geworden. Das Problem mit der Kontrolle ist, dass sie die Denk- und Handlungsweisen von Mitarbeitern einschränkt und zu wenig Raum für Neues lässt – Kontrolle blockiert Kreativität. Meine Beobachtungen in der Praxis zeigen, dass die Unternehmen größtenteils noch immer nach tayloristischen Prinzipien handeln, deren Fokus auf Effizienz, Skalierung und Controlling ausgerichtet ist – Controlling nicht nur der Budgets wohlgemerkt, sondern auch der Menschen. Nach wie vor wird in den meisten Unternehmen streng nach Zielvorgaben und Deadlines gehandelt. Vielerorts sind noch vorwiegend und oft leider auch unhinterfragt die bestehenden Strukturen und veralteten Handlungsweisen etabliert.

> **»Die alten Kontroll-mechanismen wirken heute nicht mehr – weg von der Anwesenheit – hin zu Ergebnissen!«**

Und woran liegt das? Unsere aktuellen Studien beim Institut für Führungskultur im digitalen Zeitalter belegen, dass die etablierten Führungskräfte selbst die größte Hürde darstellen, wenn es um die Weiterentwicklung geht.[2] Erschreckend, aber auch ein sehr klares Ergebnis bei einer klaren Mehrheit der Befragten. An zweiter Stelle steht für die Teilnehmer an unseren Umfragen fest, dass Chefs neue Fähigkeiten brauchen. Dabei nimmt die Kommunikationsfähigkeit den ersten Rang ein, aber für viele spielt auch die Kontrollverlust-toleranz eine große Rolle.

Kontrollverlusttoleranz? Genau: Die meisten Führungskräfte fühlen sich offenbar unwohl damit, Kontrolle abzugeben.

Unser Sicherheitsinstinkt ist nicht nur aus evolutionären Gründen tief verankert. Zwar schreibt er uns vor, dass wir uns vor potenziellen Gefahren schützen, obwohl das Gefahrenpotenzial zwischenzeitlich deutlich abgenommen hat. Und wenn wir genau hinschauen, gibt es da noch einen ganz anderen Aspekt, den wir uns häufig nicht eingestehen wollen: Ist dieses Verhalten, alles zu kontrollieren, nicht auch für alle Beteiligten sehr bequem? Mitarbeiter müssen nicht nachdenken, sich nicht neu erfinden, sich nicht in Selbstverantwortung üben, und der Chef selbst hat durch die Kontrollfunktion sein »Überleben« als Führungskraft gesichert.

Da gibt es nur einen Haken: Das alles funktioniert leider nicht mehr. Aktuell verstärken die Rahmenbedingungen des digitalen Wandels dramatisch die ohnehin schon anspruchsvolle Führungsarbeit in unseren komplexen Organisationen. Im sogenannten VUKA-Zeitalter, das entsprechend dem Akronym durch Volatilität, Ungewissheit, Komplexität und Ambiguität gekennzeichnet ist, besitzt die einzelne Führungskraft weder die Zeit noch alle Fähigkeiten und auf Dauer auch schlicht nicht die Kraft, den Herausforderungen allein gerecht zu werden. Somit stellt die Digitalisierung nicht nur eine technologische, sondern auch eine kulturelle Evolution für alle Beteiligten dar.

Im besten Fall entwickeln wir uns dadurch persönlich weiter. Das ist das Ziel.

Mit der Kontrolle ist das ja ohnehin so eine Sache. Eigentlich wissen wir doch, dass wir sie abgeben können. Regelmäßig lassen wir als Menschen ganz bewusst los – und zwar in Situationen, wo es um viel mehr geht als um Kundengewinnung oder Umsatzsteigerung. Wir steigen in einen Flieger und vertrauen dem Piloten, dass er uns sicher ans Ziel bringt – weil wir gar keine andere Wahl haben. Die wenigsten von uns haben den Pilotenschein oder die Möglichkeit, sich selbst ans Ziel zu fliegen. Wir steigen fürs nächste Meeting in ein Taxi oder vertrauen uns im ICE bedingungslos dem Zugführer an. Wir liegen auf dem Operationstisch und vertrauen dem Arzt und seinem Team, dass nach der Operation alle Einzelteile am richtigen Platz sind und wir wieder aus der Narkose erwachen.

Aber als Chef, wo es eher selten ums blanke Überleben geht, kriegen wir das oft nicht hin? Ich weiß, viele sind es anders gewöhnt. Aber wir können lernen, den Fokus auf die Expertise jedes einzelnen Mitarbeiters zu legen und auf diese Weise zu erkennen, wann und wo wir da loslassen und den Spezialisten in unseren Teams die Verantwortung übertragen können.

Je nach dem persönlichen Standpunkt auf dieser Entwicklungskurve und dem bisherigen Führungsstil müssen wir als Führungskraft dieses »Loslassen« üben – Schritt für Schritt. Mit der neuen Kultur des Loslassens beginnt für alle Beteiligten ein Entwicklungsprozess.

Das ist die Herausforderung, die zur Entwicklung beiträgt: Veränderungen mögen wir nicht. Gerade die, die mit unserer Persönlichkeitsentwicklung zu tun haben, fallen uns besonders schwer. Das ist auch der Grund, warum wir ständig gute Gründe dafür finden, doch noch nicht ganz loszulassen – manche davon bewusst, manche verborgen als innere Anfechtungen. Das beginnt schon damit, dass wir das Gefühl brauchen, gebraucht zu werden. Auch unser Pflichtbewusstsein kann uns einen Streich spielen. Weiter geht es – je nach Typ – mit der Angst, die Erwartungen der anderen nicht zu erfüllen. Viele empfinden auch die Notwendigkeit, das eigene Gehalt mit eifriger Geschäftigkeit und horrenden Überstunden zu rechtfertigen, indem sie sich überall reinhängen und ihre Mitarbeiter damit in den Wahnsinn treiben.

Wenn die bisherigen Veränderungswellen eines gezeigt haben, dann, dass wir uns mit den meisten Neuerungen erst einmal schwertun. Was haben Führungsphilosophen wie die Sprengers, Heys und Blanchards dieser Welt für einen Aufwand betrieben, damit auch die veränderungsresistenteste Führungskraft begreift, was situative Führung beinhaltet, wie wichtig die Beziehungsebene in der Führung ist und dass an erster Stelle zwischen allen Beteiligten die Vertrauensbasis steht. Und dennoch erkenne ich in vielen Unternehmen, die ich im Zuge meiner Arbeit betrete, nach wie vor dieselben alten Verhaltensweisen – übrigens unabhängig davon, ob es sich um ein patriarchisch geprägtes Mittelstandsunternehmen handelt, um eine Anwalts- oder Steuerkanzlei, um die Traditionsfirma aus der hessischen Provinz oder den Familienbetrieb in Ostwestfalen oder sogar um Großkonzerne: Überall verpassen Führungen den Anschluss an die moderne Arbeitswelt, weil sie den kompletten Kulturwandel ausgelassen haben, der die letzten Jahrzehnte über an den Punkt führte, an dem wir heute sind. Deshalb haben sie es jetzt, wo die langwelligen Trends mit den Möglichkeiten des Digitalen explodieren, viel schwerer, als es hätte sein müssen.

Es liegt mir fern, den Führenden einen Vorwurf zu machen – ich weiß, wie schwer es sein kann. Alle versuchen irgendwie, die Themen der Businessgurus zu integrieren und abzuarbeiten. Doch die meisten tun sich schwer damit, Abschied von der reinen Zielorientierung zu nehmen und eine Vertrauenskultur aufzubauen, die komplett anders funktioniert. Täglich wird die Schere zu den neuesten Ansätzen größer, immer gibt es irgendjemanden, der schon viel weiter ist. Doch es gibt keine Alternative, als aufzuschließen und in unseren Unternehmen eine neue Form von Autonomie zu etablieren. Nur so schaffen wir es, dass Deutschland nicht vollends den Anschluss an die Digitalisierung verpasst. Denn, und auch das ist den meisten bewusst, mit denen ich spreche: Diejenigen, die schon viel weiter sind, sitzen leider oft nicht in Deutschland.

Schluss mit dem Leinenzwang!

Was bedeutet das alles für uns, als Führungskräfte in Deutschland? Nun, es ist fünf vor zwölf – höchste Zeit zu handeln! Genau die kostet Kontrolle nämlich: Zeit. Häufig ist den »Kontrolleuren« gar nicht bewusst, wie viel eigentlich. Dabei ist es eine ganz einfache Rechenaufgabe, die sich mal eben im Kopf überschlagen lässt: Wenn ich als Vorgesetzter ernsthaft und dauerhaft den Projektfortschritt kontrollieren möchte, dann bin ich den ganzen Tag mit nichts anderem beschäftigt.

Finden wir uns damit ab: Kontrolle ist so 80er. Je schneller wir uns an die agile Denke gewöhnen, die ihren Siegeszug an den globalen Märkten längst angetreten hat, und je schneller wir uns auf ungewohnte Situationen einstellen können, desto besser. Mit Mitläufer-Typen im Team ist das auf Dauer nun mal leider nicht zu machen – dafür brauchen wir selbstverantwortlich denkende und handelnde Personen, die nicht für jedes Anliegen um Erlaubnis fragen müssen oder wollen.

Erst wenn Menschen autonom tätig sein dürfen, können sich ihre Talente und Stärken bestmöglich entfalten, was sich natürlich im Ergebnis niederschlägt. Weniger Vorschriften, mehr Vertrauen und Freiraum sorgen für ein Klima, das all dies ermöglicht. Das Ergebnis sind dann optimierte Abläufe, Ideenreichtum und Mitarbeiter, die sich ernst genommen fühlen.

Auf dem Weg dahin ist es sinnvoll, sich im ersten Schritt den Unterschied zwischen **Delegieren** und **tatsächlichem Loslassen** klarzumachen. Nehmen wir mal an, du zählst bisher bereits zu den Führungskräften, die einen kooperativen Ansatz leben. Letztlich hast du dennoch stets die Kontrolle behalten. Bildlich gesprochen hast du dein Team an der langen Leine geführt. Damit bist du zwar schon weiter als viele andere, aber die Leine selbst hast du tatsächlich nie aus der Hand gegeben. Der Abstand zwischen dir und deinem Team war mal kürzer, mal länger – immerhin. Doch jetzt gilt es, die Leine ganz aus der Hand zu legen – das ist eine ganz neue Dimension der Kooperation mit deinem Team. Bist du bereit, ohne Leine unterwegs zu sein?

> »Niemand kann was dafür, wenn er brillant ist und seine Arbeit schnell erledigt. Muss er dann noch seine Stunden im Büro absitzen, wenn er fertig ist?«

Bei der Drogeriemarktkette dm dreht sich kulturell alles um die Eigenverantwortung des Mitarbeiters. Vielleicht kommen dir bei der Erwähnung dieses Unternehmens einige Skandale aus der Vergangenheit in den Sinn, die durch die Presse gingen. Klar, Skandale mag es gegeben haben. Aber gibt es die nicht in den besten Unternehmen? Ein Blick etwa zu Tesla, das über lange Zeit als Vorzeigeunternehmen galt, oder auch das von mir für seinen partnerschaftlichen Umgang mit Mitarbeitern so gepriesene Vorbild von Gore: Skandale können leider in den besten

Familien vorkommen. Als Autorin schaue ich auch dort genauer hin. Es kommt durchaus vor, dass Insider mir berichten, in einem bestimmten Unternehmen sei »nicht alles Gold, was glänzt«. So wird es auch in deinem Unternehmen sein. So fortschrittlich die Kultur eines Unternehmens auch ist, so gut sie auch funktioniert – nie und nirgendwo ist für alle Zeiten ausgeschlossen, dass der Chef mal eine falsche Entscheidung trifft oder ein schwarzes Schaf unter seinen Mitarbeitern ist. »Fingerpointing« bringt uns hier aber nicht weiter. Vielmehr zeigen die Skandale ja gerade, dass es eben unmöglich ist, alles unter Kontrolle zu haben. Es wird schwer sein, ein Unternehmen zu finden, bei dem es über Jahrzehnte keine Fehltritte gibt. Darum geht es nicht. Fehler, jedenfalls bis zu einer gewissen Dimension, schmälern nicht automatisch die Philosophie des Unternehmens.

Worum es mir geht, ist, Trends aufzuzeigen und auf Entwicklungen aufmerksam zu machen. Ich ziele mit meinen Erläuterungen auf ein zukunftsfähiges, persönliches Mindset, mit dem du ganz persönlich bereit bist für das, was kommt. Daher auch das folgende Beispiel von dm. Trotz aller Skandale hat die Konkurrenz gegen dm nämlich noch immer keine Chance. Seit 17 Jahren liegt das Unternehmen bei der Kundenzufriedenheit ohne Unterbrechung klar an der Spitze. Das belegt der Kundenmonitor jedes Jahr aufs Neue.[3] Und ein Grund für den Erfolg ist die Ausbildung, die voll auf Loslassen ausgerichtet ist.

Lehrlinge übernehmen bei dm bereits nach dem dritten Ausbildungsjahr selbstständig für drei Wochen die Filialleitung einer Drogerie, und zwar mit einem eigenen Team, das ebenfalls aus Auszubildenden besteht. dm erklärt das Konzept auf seinen Internetseiten. Der Geschäftsbetrieb läuft normal weiter, die Stammbesetzung arbeitet in dieser Zeit woanders. Im Laufe dieser Phase werden regelmäßig die Rollen unter den Auszubildenden getauscht. Wir sprechen hier also nicht von einer Simulation, sondern vom Ernstfall: Die Azubis müssen »on the job« lernen, in jeder Situation allein zurechtzukommen oder vielmehr: als Team miteinander, aber in voller Eigenverantwortung in ihrer Rolle.

Mancher mag sich jetzt fragen, woher die Mitarbeiter das hierfür erforderliche Selbstvertrauen nehmen? Dafür sorgt ein Ausbildungskonzept, das sich »Abenteuer Kultur« nennt. Die Mitarbeiter schreiben, spielen und proben bereits während ihrer Ausbildung selbst geschriebene Theaterstücke. Die Idee dahinter: Nichts stärkt die Selbstsicherheit mehr, als auf der Bühne zu stehen. Dies zeigt, dass es nie zu früh ist, Zukunftskompetenzen wie Eigenverantwortung, Kontrollverzicht und intrinsische Motivation zu fördern.

Führung 2.0 »in a nutshell«: Loslassen – mit Macht

Insa Klasing und dm machen es vor: zwei Beispiele, die mit Loslassen erfolgreicher sind als andere mit Kontrolle. Reden wir mal Tacheles: Wo stehst du gerade in diesem Reifungsprozess der Führung 2.0? Wie kannst du vielleicht einen Zahn zulegen? Wie lernen wir als Führungskräfte, endlich loszulassen, so viel Überwindung es manchen auch kosten mag?

Vielleicht ist eine gute Antwort auf diese Fragen, einfach mal keine Antworten mehr zu geben. Wenn ein Mitarbeiter dich zum Beispiel das nächste Mal fragt, was er machen soll, reagiere doch mal mit: »Mach einfach!« Er kennt seinen Verantwortungsbereich, er weiß, wie es geht. Er traut sich nur nicht oder ist es nicht anders gewöhnt, als dass jemand Ansagen macht. Beobachte, wie deine Mitarbeiter mit dieser Herausforderung umgehen und welche Ergebnisse erzielt werden. Eins ist sicher: So oder so wirst du eine Menge dabei lernen, und deine Mitarbeiter ganz gewiss auch.

> »Klar, Präsenz im Büro ist heute immer noch wichtig, aber in erster Linie, um Beziehungen zu pflegen und herauszufinden, ob die Beziehungsebene noch stimmt.«

Wie geht es dir damit, wenn du das liest? Klingt das für dich schon nach einer Art »Machtverlust«? Dann lass mich dir erzählen, was mir in diesem Zusammenhang gerade erst neulich widerfahren ist.

Ich produzierte gerade einen neuen Podcast[4] mit der Geschäftsführerin eines datenverarbeitenden und -analysierenden Unternehmens aus der Healthcare-Branche. Sie stellt für mich die perfekte Synthese aus Humanistin und datenorientierter Forscherin dar. Ihr ist es ein persönliches Anliegen, dass die Daten für Menschen »lesbar« gemacht werden, sodass andere sie nicht nur verstehen, sondern auch Entscheidungen auf dieser Grundlage treffen können. Sie sieht sich und ihr Unternehmen quasi als Übersetzer der Daten für die Menschen.

Beim Thema Führung ist sie der Meinung, dass die meisten Menschen nicht ehrlich sind, wenn es um das Thema Macht geht. Die wenigsten sagen, dass sie sie besitzen wollen, und die wenigsten leben ihre Machtposition zum Wohle der Menschen aus. Sie hingegen liebt Macht, weil sie es ihr ermöglicht, Menschen positiv zu beeinflussen und weiterzuentwickeln. Sie versteht sich in diesem Sinne als Influencer. Für sie ist Macht nichts negativ Belegtes; die Macht wird zum Tool, um Menschen zu befähigen und weiterzuentwickeln. Es kommt also nicht nur darauf an, wie man Macht definiert, sondern auch darauf, wofür man sie einsetzt.

Ich wollte von ihr wissen, wie sie persönlich Macht lebt. Ihre erstaunliche Antwort: »Indem ich anderen respektvoll entgegentrete, auf Augenhöhe agiere und Menschen höchste Wertschätzung entgegenbringe. Sonst kann ich gar keine Macht, keinen Einfluss ausüben. Das sind für mich die Grundvoraussetzungen.« Ein interessanter Blickwinkel: Macht als Prinzip der Augenhöhe und Wertschätzung zu sehen – nicht etwa der Kontrolle.

Die Führungskraft der Zukunft muss genau das lernen: ihre Macht zugunsten von Menschen einzusetzen. So erst gewinnt man tatsächlich Follower. Das heißt aber auch für viele, ihr Ego mindestens phasenweise zu parken. Wem das nicht gelingt, der verliert früher oder später seine besten Mitarbeiter und überfordert sich auf Dauer auch selbst.

Profiliert euch stattdessen – als Menschenkenner! Deine Aufgabe als Führungskraft ist es, noch besser als die Mitarbeiter selbst zu wissen, welche Talente sie haben und wie sie am besten zusammen-wirken. Ähnlich einem Fußballtrainer zeichnet ein menschenorien-tierter Chef sich dadurch aus, dass er Talente geschickt kombiniert und manövriert. Das ist die beste Voraussetzung, den Herausforde-rungen des digitalen Wandels mit Ergebnissen zu trotzen!

So entsteht eine hohe Form von Wertschätzung auf allen Ebenen: dem Mitarbeiter, dem gesamten Team gegenüber und natürlich auch im Sinne der Zielerreichung.

Führen mit Mut: Loslassen – mit Vertrauen

Die Führungskraft wirkt in ihrer Rolle als Integrator eines perfekten Teams, wenn sie eine positive Haltung zum Loslassen entwickelt. Der Integrator verfügt über gute Menschenkenntnis, hat ein hervor-ragendes Gespür für Zwischenmenschliches und schafft es selbst bei größeren Konflikten, als Schlichter zwischen den Teammitgliedern zu agieren. Und trotzdem brauche ich als Chef Riesenvertrauen in die Fähigkeiten meines Teams. Und darüber hinaus muss ich den Mut aufbringen, diesen manchmal auch steinigen Weg zu gehen.

Ich erinnere mich gern an Jürgen Klopps Triumph in der Cham-pions League 2019 – denn nicht umsonst wird dieser als Triumph eines geschickten Motivators gefeiert. Mit Liverpool hat Klopp speziell im Halbfinale das Unmögliche möglich gemacht und den FC Barcelona – den Champion der spanischen Liga mitsamt dem besten Spieler der Welt – mit 4:0 besiegt. »My players are menta-lity giants«,[5] sagte Klopp nach der emotionalen Nacht im Heimsta-dion an der Anfield Road: »Meine Spieler sind Mentalitätsriesen.« Selbst nach der 0:3-Niederlage im Hinspiel hätten seine »mentalen Riesen« noch an den Einzug ins Finale der Champions League ge-glaubt. Dieses Selbstvertrauen, aus einer schier aussichtslosen Lage doch noch als Sieger hervorgehen zu können und das dann tatsäch-lich auch noch zu schaffen – das finde ich nicht nur faszinierend, sondern glaube, dass das auf jeden Chef und sein Team übertragbar ist. Diese Haltung der Machbarkeit bildet die Basis, wenn wir ein Team aus »Mentalitätsgiganten« formen wollen.

An oberster Stelle steht dabei die vertrauensvolle persönliche Beziehung zu dir als Führendem oder, um im Bild zu bleiben, die Interaktion mit deinem Team als Coach: Setz jeden Einzelnen in den Fokus und hör deinen Mitarbeitern einfach zu. Interessier dich dafür, was ihn oder sie ängstigt, bewegt und motiviert. Gleichzeitig willst du natürlich auch ein Verständnis dafür schaffen, was gemeinsam erreicht werden soll und wie wichtig das Bekenntnis und die Leistung jedes Einzelnen dafür sind. Und zwischen diesen beiden Dingen gibt es mit Sicherheit eine Brücke – immer. Es ist deine Aufgabe, sie tragfähig zu machen. Geteilte Leidenschaften und gemeinsame Verantwortung für Visionen schaffen eine starke Basis. Leg nicht im Alleingang, sondern gemeinsam mit dem Team fest, wie die Zusammenarbeit mit den neuen Freiräumen gestaltet werden kann und welche Regeln trotz allem noch nötig sind, damit ihr eure ambitionierten Ziele erreicht. Wichtig ist, dass all das gemeinsam und im Austausch auf Augenhöhe entwickelt wird und ihr alle an einem Strang zieht.

Manchmal werde ich gefragt: War das früher, im analogen Zeitalter, nicht auch schon so? Ja und nein. Der Unterschied ist: Damals war diese menschlich orientierte Art zu führen »nice to have«. Heute ist es das unabdingbare »must have« eines Vorgesetzten.

Denjenigen, die noch wenig Übung im Loslassen und Vertrauen haben, empfiehlt Hassan Osman in seinem Buch »Effective delegation of authority«[6] eine einfache Herangehensweise: Sprich mit deinen Mitarbeitern zunächst nur über das Ziel, nicht über die einzelnen Maßnahmen. Dafür schlägt Osman ein Dreistufenmodell für jede noch so einfache Frage vor, die dir von deinen Mitarbeitern gestellt wird:

1. Frag zuerst den Mitarbeiter nach allen Optionen, die er in dieser Situation sieht oder die zur Verfügung stehen.
2. Stell dann die Frage nach einer Empfehlung für eine bestimmte Option.
3. Bitte den Mitarbeiter zu erklären, warum er sich für diese Empfehlung entschieden hat.

Mit dieser simplen Vorgehensweise lässt sich bereits ein starkes Bewusstsein für selbstverantwortliches Handeln auf Augenhöhe herstellen und ein großer Entwicklungssprung erzielen.

Zeig deinen Mitarbeitern, in welcher Form du von ihnen selbstverantwortliches Handeln und selbstständiges Entscheiden erwartest. Gewöhn sie schrittweise daran, dass sie für das, was in ihrem Verantwortungsbereich liegt, die Verantwortung übernehmen. Besprich mit ihnen, welche Aufgaben du ihnen zutraust und ob sie mit dieser Einschätzung übereinstimmen.

Eines darfst du nicht außer Acht lassen: Häufig sind Teams mit der Umstellung auf neue Führungsstile überfordert. Daher steht immer an erster Stelle, die offene Kommunikation zwischen dir und deinen Mitarbeitern und auch unter ihnen zu fördern. Dazu gehört Transparenz bei den gemeinsamen Zielen und Aufgaben und konstruktives Feedback. Diese grundlegenden Schritte sind erforderlich, damit das Vorhaben, eine Kultur des Loslassens zu etablieren, überhaupt gelingen kann. Freiraum geben heißt auch, offen zu sagen, wenn etwas schlecht läuft – und konstruktives Feedback auch als Vorgesetzter auszuhalten, wenn die Ergebnisse mal hinter den Erwartungen zurückbleiben.

Wie viel Freiraum ist gesund? Loslassen – mit Regeln

Wie oben beschrieben, bedingt die Bildung von Freiräumen auch eigene Regelwerke. Und je größer die Freiräume sind, desto wichtiger ist es, diese Regeln gemeinsam zu entwickeln, damit jeder dahintersteht. Jedes Spiel funktioniert nur durch Regeln, denn sie definieren den Raum, in dem man sich bewegen kann. Das schafft für alle Transparenz und Offenheit und sorgt dafür, dass Diskussionen und Konflikte so gering wie möglich gehalten werden. Dass Unsicherheiten auftreten, ist nämlich ganz normal, sobald ein System verändert wird. Umso mehr erfordert diese Form der Zusammenarbeit in Verantwortungsteilung eine gewisse Präzision bei der Beschreibung der Spielregeln.

Unter Experten wird darüber viel diskutiert und proklamiert: Wie sieht das richtige Verhältnis von Freiraum und Regeln aus? Wie viel Freiraum ist gesund, wie viel ist zu viel? Wenn es um die Selbstverantwortung von Mitarbeitern geht, steht von klaren Regeln bis hin zur ausgewachsenen Holacracy, also einer hochgradig fluiden Organisation ohne feste Strukturen, alles zur Diskussion.

Auch Forscher, unter ihnen der deutsche Hirnforscher Prof. Dr. Hüther, sind der Meinung, dass Mitarbeiter Freiräume brauchen und dass keine Regeln erforderlich sind. Letzteren Punkt widerlegen meine Erfahrungen in der Praxis. Wenn viele Menschen zusammenarbeiten und jeder individuelle Vorstellungen von Freiraum und Arbeit besitzt, ist zumindest eine Art Anleitung für die Zusammenarbeit notwendig – quasi ein Rahmen, der um die Freiräume gespannt wird und für Klarheit sorgt. Diese »Gebrauchsanweisung für Freiräume« definiert die wesentlichen Eckpunkte der Kollaboration – neudeutsch ausgedrückt als »how we work«. Viele Konzerne verwenden mittlerweile diesen amerikanisch geprägten Ausdruck.

In einem weiteren Punkt wiederum stützt die Meinung der Forscher meine Praxiserfahrung: Wer versucht, das Verhalten anderer durch äußeren Druck zu beeinflussen, verhindert, dass sich die Bereitschaft zu genau diesem Verhalten überhaupt entwickelt. Das klingt nicht nur einleuchtend, das kann – mit Abweichungen je nach Persönlichkeit – auch jeder an sich selbst beobachten.

Aber wie viel Freiraum ist richtig? Auf diese Frage gibt es naturgemäß mehr als eine Antwort. Ob ein Mensch sich gern an Regeln hält und sich ohne diese Orientierung im Alltag verloren fühlt oder ob eine Person besonders viel Freiraum benötigt, um glücklich und leistungsfähig zu sein, ist eine Frage der Persönlichkeit. Eine Pauschallösung gibt es nicht; hier muss je nach Zusammensetzung des Teams und der individuellen Verantwortungsbereiche des Einzelnen abgewogen werden.

Klar ist auch, dass Freiräume ohne sinnstiftende Aufgaben zu nichts führen. Hauptaufgabe der Führungskraft ist es daher, eine Vision zu vertreten und vorzuleben, hinter der alle gemeinsam stehen. Der

Chef braucht einen Blick für das große Ganze. Erst durch die emotional aufgeladene Vision kommen weitere Emotionen ins Spiel, die zu Handlungstreibern werden. Als Nike seine Position als Marktführer einst an Adidas abgeben musste und wiedergewinnen wollte, wurde die Vision formuliert: »Crush Adidas«! Eine Vision steckt Mitarbeiter so an, dass sie auch nach einer harten Arbeitswoche sogar samstags noch freiwillig ins Büro kommen würden. Jeder will ein Teil davon sein. Die Vision, daran besteht kein Zweifel, ist einer der anspruchsvollsten Schritte der Führung 2.0. Und sie ist ein weiterer unverzichtbarer Baustein, der als Initialzündung von Emotionen und Motivation gesehen werden kann.

Erst wenn sich alle mit der Vision identifizieren können, kann es ein motiviertes Miteinander geben. Gemeinsam werden dann die Meilensteine definiert. In den meisten Unternehmen ist nach meiner Erfahrung eine individuelle Mischung aus Selbstverantwortung und Regeln zur Erreichung des gemeinsamen Ziels notwendig. Dabei sollte jedem Mitarbeiter individuell verdeutlicht werden, worin sein persönlicher Beitrag an der Gesamtstrategie liegt – mit einem mitreißenden Kurzvortrag vor dem gesamten Team ist es also noch nicht getan. Erst wenn jedem klar ist, wie sich sein Beitrag ins Gesamtbild integriert, wird jedem die Bedeutung seiner Arbeit deutlich. Neben der Motivation, die das mit sich bringt, wird auf diese Weise auch deutlich: Das schaffen wir nur gemeinsam.

Sind die Chefs reif für eine neue Führung? Loslassen – mit entspannter Autorität

Wie unterschiedlich sich die Kultur des Loslassens gestaltet, zeigt ein Beispiel, das ich selbst vor Ort erlebt habe. Ich leitete bei einem der führenden Softwarehersteller weltweit ein Seminar zum Thema »Führen im digitalen Zeitalter«. Eine weibliche Führungskraft äußerte sich im Zuge der Diskussion über neue Führungskulturen – aus der Erinnerung wiedergegeben – folgendermaßen: »Ich weiß gar nicht, warum sich so viele Chefs gegen die modernen Führungsstile sperren. Ich finde diese Art zu führen viel entspannter. Nehmen wir doch nur mal die Statusmeetings. Früher habe ich den Termin festgelegt, die Agenda definiert und das Meeting geleitet. Heute lasse ich komplett los. Meine Leute legen den Termin fest, bestimmen die Inhalte und führen durchs Meeting. Ich bin nur als Teilnehmer da. Und kann mich ansonsten auf die wichtigen Dinge fokussieren, die Weiterentwicklung und Förderung meiner Mitarbeiter zum Beispiel. Gleichzeitig haben wir festgestellt, dass wir viel zu viel digital kommunizieren. Das nervt und wirkt sich nicht wirklich förderlich auf unsere Beziehung aus. Darauf haben wir als Team sofort reagiert. Wir treffen uns jetzt alle vier bis sechs Wochen bei mir zu Hause zu einem gemeinsamen Kochevent. Meine Mitarbeiter kaufen ein und kochen, und ich bin dabei und stelle die Location. Wir genießen diese Abende sehr, und sie zahlen positiv auf unsere Beziehungen und auf unsere Zusammenarbeit ein.«

Wer sagt's denn: So schwierig ist das mit der Vertrauenskultur doch gar nicht. Es gibt viele Möglichkeiten, die Beziehung zwischen Führenden und Mitarbeitern zu stärken und sich dabei auch gleich ans Loslassen zu gewöhnen. Es macht sogar Spaß!

»Warum ich etwas hinterfragen sollte, was in der Vergangenheit funktioniert hat? Weil die Digitalisierung alles ändert, deshalb.«

Nichtsdestotrotz sollten wir uns bewusst sein, dass es nicht nur um ein paar Handgriffe geht, sondern dass wir von einem Prozess sprechen, der Zeit braucht. Diesen gilt es in kleinen Bausteinen zu planen und umzusetzen. Dabei sollte allerdings jeder noch so kleine Baustein, der erfolgreich bewältigt wurde, umgehend als Erfolg verbucht und gefeiert werden, bevor er als Routine etabliert wird – und zwar mit dem gesamten Team.

In all den Unternehmen, die bereits eine Kultur der selbstverantworteten Freiräume leben, ist mir übrigens eines aufgefallen: Dort sind nicht nur die Mitarbeiter, sondern auch der Chef entspannter. Charmant finde ich persönlich auch das oft neu entdeckte und erstmals ausgelebte Selbstbewusstsein, das diese Teams auszeichnet. Die Chefs dieser Teams wiederum haben eines gemeinsam: Sie agieren wie Insa Klasing als eine Art Influencer: Sie üben entspannte Autorität durch Loslassen aus.

Bist du noch Kontrollfreak?! Loslassen – mit Plan

Wie halten es eigentlich die Influencer im ursprünglichen Sinne, die Stars der digitalen Content-Szene? Können sie selbstbewusst loslassen oder sind sie digitale Kontrollfreaks?

Tatsächlich haben die Influencer gar keine andere Wahl, als ein entspanntes Verhältnis zu ihrer Wirkung auf andere zu entwickeln. Denn kein Influencer, obwohl er Heerscharen an Followern besitzt, hat tatsächlich die Kontrolle über das Ergebnis seiner Handlungen. Sowohl die Influencer selbst als auch die Unternehmen, die sie als Markenbotschafter verpflichten, lassen ein Stück weit los und müssen es auch: Es gibt keine Garantie, wie viele Produkte ein Influencer mit dem Auftritt vor seinen Followern tatsächlich »verkaufen« kann.

Aus der Praxis weiß ich, dass diese noch relativ junge Disziplin des Marketings bei vielen Akteuren im Unternehmen auch Einwände hervorruft. Einige haben beim Stichwort »Influencer« ein 20-jähriges Girlie vor Augen, das mit irgendwelchen Nagellacken vor der Kamera herumwirbelt und vor lauter Make-up keine Ähnlichkeit mehr mit seinem Passbild hat. Der Hype, der in den letzten Jahren um das Thema Influencer-Marketing betrieben wurde, hat dieser Art der Markenkommunikation nicht nur gutgetan. Marketing ist nicht zwingend laut, sondern muss vor allem durchdacht sein, wenn es funktionieren soll. Erst dann eröffnen sich durch die Influencer enorme Chancen. Dafür müssen einige Voraussetzungen erfüllt sein. Das beginnt damit, dass der Influencer als glaubwürdiger Botschafter für das Produkt gesehen werden kann.

Ganz ähnlich ist es beim Chef, der nur glaubwürdig wirkt, wenn er seine Werte mit denen des Unternehmens vereinen und leben kann. Das A und O des erfolgreichen Influencer-Marketings finden wir dort, wo ein vertrauensvolles Verhältnis zwischen Marke und Influencern gegeben ist und die Unternehmen die Umsetzung komplett dem Influencer überlassen, kurz: loslassen.

So geschehen in der Kooperation zwischen eBay und dem britischen YouTuber Colin Furze. Colin ist ein ehemaliger Klempner und stellt auf seinem Kanal seine verrückten Tüfteleien vor – darunter düsenbetriebene Gokarts oder ein sogenanntes »Spa-Car«. Bei Letzterem handelt es sich um einen fahrtüchtigen, zu einem Whirlpool umgebauten BMW. eBay wurde auf die große Reichweite von Colin aufmerksam und plante die Zusammenarbeit von langer Hand. Zur Premiere des Hollywood-Blockbusters *Star Wars: The Last Jedi* bekam Colin von eBay die Challenge, einen TIE Silencer (das Fluggerät von Kylo Ren) aus dem Film nachzubauen – allerdings nur mit Material, das er auf eBay erwerben konnte. Das ganze Bauvorhaben wurde mit Videos begleitet.[7] Mittlerweile wurden diese Videos zwischen 750 000 und 4,5 Millionen Mal aufgerufen.

»Noch mal, weil es so wichtig ist: Das Ergebnis zählt, nicht die Zeit, die wir im Büro absitzen. Weg mit dem Stechuhrdenken!«

Dieses Beispiel zeigt, dass man als Unternehmen sehr viel mit Influencern erreichen kann – wenn man berücksichtigt, wer welche individuellen Stärken hat und wie er damit zum Unternehmensgegenstand passt. Hat man sich davon überzeugt, dass Marke und Influencer ein »Match« sind, heißt es loslassen und machen lassen.

Ähnlich ist es bei den Mitarbeitern: Im besten Fall suchen wir die Mitarbeiter nach ihren Talenten aus und danach, wie sie ins Team passen. Dann packen wir eine große Portion Vertrauen dazu. Und schließlich lassen wir los und schauen, was passiert.

Exkurs: Wie echte Influencer ticken – das Vertrauen in den Social Proof

Dass die Influencer zu einem solchen Massenphänomen geworden sind, hängt wie so vieles – auch in der Führung – mit der Funktionsweise unseres Gehirns zusammen. In Fachkreisen spricht man in diesem Zusammenhang vom sogenannten Social Proof, dem »sozialen Nachweis«. Experten sind der Ansicht: Ist dieser Mechanismus einmal getriggert, funktioniert er so zuverlässig wie Hundeaugen. Mit anderen Worten: Haben wir einen Influencer einmal als glaubwürdig verbucht, vertrauen wir seinem Urteil beinahe automatisch.

Diese Funktionsweise des Social Proof beeinflusst auch unsere Kaufentscheidungen und bringt uns dazu, die Handlungen anderer Menschen zu übernehmen. Wir folgen der Masse oder Mehrheit (beziehungsweise dem Influencer, dem unsere soziale Gruppe folgt). Der Mensch sucht für all sein Tun beständig Bestätigung – besonders dann, wenn es irgendeine Art von Entscheidung zu treffen gilt. Im Falle der Influencer misst er die Glaubwürdigkeit an der Zahl der Follower. Sie ist das ultimative Statussymbol der Influencer; was viele tun, kann ja nicht falsch sein.

Unser Alltag folgt in hohem Maße der Mechanik des Social Proof. Es ist – zumindest kurzfristig gesprochen – unser Bewertungssystem für jede Situation, ob wir das passende Eiscafé, das Restaurant oder gar den eigenen Chef aussuchen. Ein Restaurant wird für uns erst richtig attraktiv, wenn wir Schwierigkeiten haben, einen Tisch zu bekommen. Wenn alle dahin wollen, muss es ja gut sein! Wir schlussfolgern, dass es dort wahrscheinlich besser schmeckt, und bevorzugen ein gefragtes Restaurant automatisch gegenüber einem eher schlecht besuchten. In Letzterem beäugen wir alles kritischer. Daraus resultiert wahrscheinlich auch die Taktik, dass in einigen Hotspots mittlerweile nur noch Zeitslots für die Tischreservierung vergeben werden: »Sie können den Tisch von 19:30 bis 21:00 Uhr haben«: So demonstriert das Restaurant hohe Auslastung, die wir als Qualitätsmerkmal betrachten.

Dieses Phänomen des Social Proof gilt online wie offline, privat wie geschäftlich. Wir neigen dazu, der Masse zu folgen – oder eben, stellvertretend, dem Influencer, dem unsere Peergroup vertraut.

Dieses Prinzip hat allerdings einen Nachteil: Es hat ein Verfallsdatum. Nichts und niemand ist ewig »angesagt«, ohne etwas dafür zu tun. Wenn der Social Proof auf Dauer standhalten soll, muss die persönliche Beziehung funktionieren und gepflegt werden. Bist du ein Chef, von dem viele überzeugt sind, genießt du zunächst auch bei neuen Mitarbeitern Vorschusslorbeeren. Doch erst durch eine längerfristige Zusammenarbeit mit dir erlebt ein Mitarbeiter, ob dein Verhalten konsistent ist und deine Versprechen jeder Situation standhalten. Nicht anders ist es bei den Influencern: Sie behalten die vielen treuen Follower nur, wenn sie es schaffen, eine persönliche Beziehung mit ihnen einzugehen und diese »frisch zu halten«, wie es auch in einer Liebesbeziehung nötig ist. Dafür muss man sich nicht nur auf Dauer als glaubwürdig erweisen, man muss auch die gemeinsamen Ziele und den Weg dorthin immer wieder hinterfragen und »auffrischen«.

Fazit: Der zukunftssichere Chef gibt Freiräume

Fassen wir zusammen: Der zukunftssichere Chef muss seinen Mitarbeitern Freiräume geben. Dabei ist eine Beziehung auf Augenhöhe wichtiger als hierarchiebetonte Autorität. Der neue Führungsstil erfordert Loslassen statt Kontrolle und ein Bewusstsein dafür, dass du als Entscheider nichts erzwingen kannst. Stattdessen wirst du zum Influencer, der Bestandteil des Teams ist, und erwiderst das Vertrauen der Menschen, die dir folgen.

John Chambers, ehemaliger CEO des Internetausrüsters Cisco, sagte in einem Interview mit dem Harvard Business Manager: »Es besteht kein Zweifel – früher war ich stets der Typ Vorgesetzter, der alles kontrollieren musste. Wenn ich sagte ›nach rechts‹, drehten sich alle 65 000 Mitarbeiter nach rechts. Aber ein Unternehmen kann nicht wachsen und mehr schaffen, wenn nur eine Person die gesamte Strategie festlegt. Wenn Sie ein CEO mit einem auf Befehl und Kontrolle beruhenden Führungsstil sind, können die von Ihrer Entscheidung betroffenen Mitarbeiter beschließen, Ihr Vorgehen nicht zu unterstützen und den Prozess entweder zu bremsen oder sogar zum Erliegen zu bringen. Das ist insbesondere in einer so schnell wachsenden Branche wie unserer äußerst gefährlich.«[8]

Vom digitalen Wandel sind wir alle betroffen – nicht nur Software-Unternehmen wie Cisco. Wenn wir nicht loslassen, schaffen wir den Anschluss nicht. Auch zukünftig werden die Unternehmen die besten Mitarbeiter bekommen, die ihre Hausaufgaben machen. Mit Führungskulturen aus dem 20. Jahrhundert macht sich kein Unternehmen mehr attraktiv. Wir sind geradezu gezwungen, uns mit den Werten der jüngeren Generationen auseinanderzusetzen – und mit den Führungsstilen, die dazu passen. Loslassen ist dabei ein wesentlicher Aspekt. Ganz nebenbei gewinne ich als Chef, der loslassen kann, noch etwas Wertvolles: die Zeit und den Mut, mich auf die Veränderungen einzulassen, die uns alle erwarten.

Erneut möchte ich dich einladen, das Kapitel mit folgenden Fragen zu reflektieren:

 ## Reflexionsfragen

1. Wie lange kannst du dir vorstellen, vom Arbeitsplatz abwesend zu sein? Ab welcher Zeitspanne fällt es dir schwer, ab wann scheint es unmöglich?

2. Was schließt du daraus in Bezug darauf, wie gut dein Verantwortungsbereich aufgestellt ist?

3. Was sagt dir das über dein eigenes Führungsverständnis?

4. Wie oft mischst du in deinem Team im Tagesgeschäft mit?

5. Welche Aufgabe betrachtest du im Alltag als deine wichtigste?

6. Wie würdest du deinen Einfluss auf deine Mitarbeiter beschreiben?

7. Durch welches Verhalten deinerseits werden deine Mitarbeiter angehalten, selbstverantwortlich zu handeln?

8. Welche vertrauensbildenden Maßnahmen setzt du bei deinen Mitarbeitern ein?

9. Wie gibst du Feedback? Wie gehst du selbst mit konstruktivem Feedback deiner Mitarbeiter um, wenn du welches bekommst?

10. Inwiefern vertraust du in deiner Selbsteinschätzung schon und lässt los? An welchen Handlungen oder Prozessen im Alltag machen du oder deine Mitarbeiter dies fest?

11. An welchem Punkt endet für dich das Vertrauen und beginnt die Kontrolle?

12. Was würde passieren, wenn du ab morgen nicht mehr zur Arbeit gehst – mit dir, aber auch mit deinem Team?

3. KAPITEL

Nur Mut! Veränderung ist die neue Sicherheit

*Führungskräfte müssen sich radikal verändern, weil sich die
Unternehmen radikal verändern. Die Veränderung ist durch globale
Prozesse unausweichlich. Alles wird schneller, flexibler und agi-
ler – wir auch. Mut wird zu einer unverzichtbaren Haltung, insbesondere der Mut zur Veränderung. Führungskräfte bleiben in der
Verantwortung, aber Risiken werden künftig geteilt. Die Pioniere
der neuen Arbeitswelt zeichnen sich durch ein neues Mindset
aus: Offenheit, Neugier, Kreativität, Quer- und Neudenken. In der
digitalen Arbeitswelt gibt es keine Sicherheiten mehr.*

Manches, was Führende derzeit so tun, sieht nach altbewährten
Maßstäben auf den ersten Blick aus wie Irrsinn. So legte etwa Peter
Vullinghs, Chef der DACH-Region in der Sparte Medizintechnik bei
Philips, die komplette Umgestaltung der Firmenzentrale mal eben
in die Hände seiner Mitarbeiter. What?! Ja, genau: Die Mitarbeiter
formten ihr Unternehmen architektonisch um und etablierten auf
diese Weise auch gleich gemeinsam eine radikal neue Unternehmenskultur. Dazu sei angemerkt: Bei der Sparte Medizintechnik
handelt es sich nicht um ein experimentelles, ausgelagertes Unter-
nehmensteilchen, das vor allem PR-Zwecken dient, sondern um
eine der größten und umsatzstärksten Tochtergesellschaften des
weltweit tätigen Philips-Konzerns, die Weltmarktführer in der dia-
gnostischen Bildgebung ist – ein Milliardengeschäft.

Gerade im Gesundheitswesen ist der Fortschritt und Zusatznutzen
durch die Digitalisierung über alle Zielgruppen hinweg schon heute

enorm und wird auch weiterhin allen Interessensgruppen völlig neue Möglichkeiten eröffnen. Die gewaltigen Wachstumsraten, die aktuell prognostiziert werden, können jedoch nur durch ein komplettes Neudenken und Umstrukturieren auf allen Ebenen erreicht werden – nicht zuletzt deshalb, weil auch in diesem Sektor Fachkräftemangel herrscht wie überall.

Peter Vullinghs realisierte schon vor Jahren, wie gravierend sich die Veränderungen im digitalen Zeitalter auf seine Branche auswirken würden. Er sah auch voraus, dass dieses Umdenken auf allen Ebenen ein geändertes Mindset und viel Mut erfordern würde. Daher stellte er sich frühzeitig die Frage, wie er seine Mitarbeiter auf diesen Wandel vorbereiten und auf diese Reise mitnehmen könnte. In einem Markt, der alles auf den Kopf stellt, müssen auch die Unternehmen mutig sein und umdenken.

Peter Vullinghs war in der Tat mutig: Sein Projekt WPI – Workplace Innovation – wurde so erfolgreich, dass es auf gleich 30 Standorte in der ganzen Welt ausgerollt wurde. Das Ergebnis: Im tradierten Backsteinbau der Zentrale Medizintechnik erinnert die Inneneinrichtung eher an die Loftbüros junger Start-up-Unternehmen. Auf sechs Etagen und einer Bürofläche von 13 500 Quadratmetern entstand eine völlig neue Arbeitsumgebung. Statt klassischer Büroräume mit Gummibaum gibt es »Home Areas« für die Arbeit in Teams und Projektgruppen, die auf den jeweiligen Etagen in »Neighbourhoods« angesiedelt sind. Peter Vullinghs ging mit dem Projekt ganz neue Wege. Es gibt nirgends mehr Festnetztelefone oder feste Schreibtischplätze – alles ist flexibel, agil, mobil. Das ganze Gebäude in seiner neuen Form ist ein einziger Ausbund von Mut, denn hier wurde nirgends auf Altbewährtes gesetzt, nirgends auf Sicherheit gespielt. Nicht zu vergessen: Auch Peter Vullinghs selbst hatte zuvor keine Erfahrung mit solchen Projekten. Ob das Experiment gelingen würde, wusste niemand.[1]

Natürlich, mag mancher jetzt einwenden, hat nicht jeder die Möglichkeit, gleich die Firmenzentrale umzugestalten und der digitalen Arbeitswelt eine Willkommensparty zu schmeißen. Die meisten Unternehmen sind da ja doch etwas konservativer. Doch auch kleine Schritte können viel bewirken: Ich habe einige Unternehmen kennengelernt, die im ersten Schritt abgegrenzte Räumlichkeiten oder Test Spaces für die Zusammenarbeit zur Verfügung stellten. So konnte zunächst ermittelt werden, wie das neue Raumkonzept von den Mitarbeitern angenommen wird und ob es wirklich zukunftsfähige Arbeitsweisen fördert. Erst im zweiten Schritt wurde dieses Konzept dann auf das gesamte Unternehmen ausgeweitet.

Viel zu wenige Unternehmen und Führende handeln schon wie Peter Vullinghs. Die meisten Entscheider sind leider immer noch unentschlossen. Viele vermitteln den Eindruck, dass sie dem Wandel noch eher zuschauen und hoffen, dass der Kelch der Digitalisierung vielleicht doch an ihnen, ihrer Branche oder wenigstens ihrem Verantwortungsbereich vorübergeht. Aus meiner Sicht teilen sich die führenden Manager heute in zwei Gruppen auf: Die eine ist verhalten und abwartend, die andere agiert eher hyperaktiv, veranstaltet Design Thinking Workshops, verpflichtet die Mitarbeiter unvorbereitet zu agilen Methoden oder setzt inmitten hierarchischer Strukturen ein agiles Pilotteam ein, um zu schauen, ob und wie es funktioniert. Was es, oh Wunder, in der Regel nicht tut. Solange der Rest des Unternehmens noch in hierarchischen Strukturen arbeitet und die vorhandenen Schnittstellen eine agile Kultur nicht zulassen, ist der Versuch zum Scheitern verurteilt. Eine Kultur zieht sich durchs ganze Unternehmen, oder sie verzieht sich ganz schnell wieder. Aber die Führungsetage hat dann auf ihr Pflichtbewusstsein eingezahlt und kann behaupten, das mit den digitalen Methoden ja immerhin versucht zu haben.

> **»Im Zuge der großen Veränderungen haben wir nur eine Chance: Mutig sein.«**

Tatsächlich geht es bei Initiativen dieser Art eher darum, das schlechte Gewissen zu kaschieren. Durch diesen häufig sehr unkoordinierten Aktionismus wird genau das produziert, was Unternehmen und Mitarbeiter nicht gebrauchen können: mehr Kontrolle und noch höherer Leistungsdruck. Weil es sich bei den konkreten Maßnahmen häufig um Einzelaktionen handelt, die nicht sinnvoll ineinandergreifen oder gar mittelfristig in ein stimmiges Konzept münden, entsteht ein hohes Maß an Reibung, viel Hitze, viel Lärm um nichts – aber wenig konkrete Ergebnisse.

Ein weiterer Trend, den ich vielfach beobachte, ist der Versuch, den digitalen Wandel mit Methoden aus dem analogen Zeitalter zu bewältigen. So wird aus dem täglichen oder wöchentlichen Stand-up-Meeting (ein Tool aus dem digitalen Zeitalter) schnell letztlich nur ein weiteres Mittel, die Schrauben noch fester anzuziehen und den Druck auf den Einzelnen zu erhöhen (eine Methode aus dem analogen Zeitalter). Dafür sind die Stand-up-Meetings aber nicht gedacht – sie sind dafür da, dass eigenverantwortlich handelnde Akteure sich auf Augenhöhe koordinieren.

Ich will den Versuch an sich nicht verurteilen: Agile Methoden und Design Thinking können sinnvolle Methoden sein, um mutig an den Herausforderungen des digitalen Zeitalters im Unternehmen zu arbeiten und Kreativität zu fördern. Die Schwierigkeit besteht darin, dass sie nicht selten von »Zahlen-Daten-Fakten-Experten« durchgeführt werden. Nicht selten kommt es auf der Suche nach dem richtigen Weg zu einem regelrechten »Clash of Civilizations«. In vielen Teams prallen Welten aufeinander: Auf der einen Seite stehen die Kontrollfreaks, auf der anderen Seite diejenigen, die »agil« quasi als Konfession predigen. Wenn die Führungskraft diesen Konflikt nicht registriert und moderiert, ist Chaos vorprogrammiert. In der Phase des mutigen Ausprobierens benötigen wir Führungskräfte, die als Integratoren vermitteln, damit nicht gegeneinander gearbeitet wird.

Agile Experimente, auch wenn sich das ein wenig paradox anhört, wollen gut koordiniert sein. Werden Projekte nur vereinzelt ohne nachhaltiges Gesamtkonzept ins Leben gerufen, werden sie verpuffen. Neben dem sinnvollen Konzept, das nicht nur aus einer Idee besteht, sondern auch aus einem belastbaren Aktionsplan, braucht es Ausdauer, Übung im neuen Umfeld und nicht zuletzt Mut, mit einzelnen Ideen zu scheitern.

Wie können Unternehmenslenker diesen Mut im scheinbar immer weiter beschleunigenden Hamsterrad des Innovations- und Wettbewerbsdrucks aufbringen?

Mut zu Gedankenexperimenten

Albert Einstein revolutionierte vor 100 Jahren unser Verständnis des Universums. Nicht nur deshalb halten viele ihn für ein Jahrhundertgenie. Stephen Hawking erklärt in seinem Buch *Kurze Antworten auf große Fragen*[2], dass diese Genialität durch eine Mischung aus Intuition, Originalität und Brillanz erreicht wird. Weiter erläutert er, dass Einstein vor allem die Fähigkeit besaß, unter die Oberfläche zu schauen – und den Mut, Ideen zu verfolgen, die anderen absurd vorkamen. Die Schlüsselkompetenz Einsteins aber war seine Fantasie: Er machte ständig Gedankenexperimente und stellte sich selbst das Universum ganz neu vor. Um die Meinung der anderen scherte er sich dabei nicht.

Das ist genau die Haltung, die wir heute brauchen.

Noch nie waren Gedankenexperimente so elementar für Führungskräfte wie heute. Experimente verlangen von uns, dass wir unsere Komfortzone verlassen. Dadurch entsteht der Mut für Veränderung.

In seinem Buch *Loonshots*[3] erklärt Autor Safi Bahcall, wie Ideen entwickelt werden. Bahcall, der in Harvard und Stanford studierte, beschreibt anschaulich, was es braucht, damit wir wirklich groß denken und bedeutende Ziele erreichen können – die sogenannten »Loonshots«. Das ist ein Ziel, das einer großen Vision folgt, wie etwa die Ausrottung von Krebs oder das Ende des Hungers – Ziele, die der Menschheit dienen. In diesem Buch geht es darum, Führung neu zu denken, indem die Rolle der Führungskraft sich komplett ändert, damit für das Unternehmen, die Mitarbeiter und auch die Führungskraft selbst ein nie gekannter Mehrwert entsteht. Ich würde sagen: Auch das ist ein Loonshot.

Safi Bahcalls Buch liefert überraschende Erkenntnisse, wie einfach große Ideen geboren werden können, wenn wir nur den Mut haben, herkömmliche Pfade zu verlassen. Der Autor beschreibt Projekte, die nicht nur schräg sind, sondern vielfach so irrsinnig erscheinen, dass wir uns an den Kopf fassen würden, wenn ein Kollege uns davon berichtete – Experimente, deren Ausgang einfach komplett im Dunkeln liegt. Entweder gehen sie komplett nach hinten los oder sie begründen die nächste große Disruptionswelle.

Wir in Europa, und besonders wir in Deutschland, werden eher »neurotisch«, als dass wir uns in wagemutige Abenteuer stürzen, meint die Zukunftsforscherin Friederike Müller-Friemauth. Dabei hätten wir genau das bitter nötig. Was Safi Bahcall in seinem Buch »Loonshots« nennt, nennt Müller-Friemauth »Moonshots« – scheinbar Unerreichbares, das man dennoch engagiert als Langfristziel angeht. Auf dem Weg dorthin werden viele kleine, teilweise überraschende Ziele erreicht und neue Kompetenzen und Strategien für das große Ziel entwickelt. »Dass Unternehmen in Europa selbst Corporate Moonshots starten, statt lediglich den Raketen der Amerikaner hinterherzuschauen, setzt allerdings einiges voraus: Sich in die Lage zu versetzen, radikal zu innovieren, erfordert vor allem eine bestimmte Haltung. Das Mindset, in dem wir Europäer zu Hause sind, ist bislang eher eine schlechte Startrampe für den Griff nach den Sternen.«[4]

> **»Frag deine Mitarbeiter, was sie an deiner Stelle tun würden. Das holt dich aus der geistigen Einbahnstraße.«**

Höchste Zeit also, das eigene Mindset zu beleuchten. Wie bereit bist du, deinen Führungsstil zu hinterfragen? Dein erstes Experiment könnte sein, die Zusammenarbeit in deinem Team zu revolutionieren. Falls du es noch nicht bist, beginne die Rolle als Change Leader einzunehmen, für den die Begeisterung und Befähigung seines Teams im Vordergrund steht. Entwickle mit deinem Team eure Vision der Zukunft, schafft für jeden Einzelnen Bedeutung und Sinn, definiert eure Rollen und Regeln. Gemeinsame Ziele und Ideale bringen nicht nur ein Zusammengehörigkeitsgefühl hervor, sondern auch Inspiration und Motivation, einen sinnvollen Beitrag zum Erfolg des Unternehmens und zur Verwirklichung der gemeinsamen Vision zu leisten. Die neuen Führungskräfte verstehen es, ein Mastermind zu erzeugen, bei dem Begeisterung und Zuversicht die Basis bilden. Sie können andere mitreißen und werden als Vorbilder wahrgenommen. Sie vermitteln ihren Mitarbeitern nicht nur ein hohes Maß an Wertschätzung, sondern auch ein Gefühl des Stolzes, Teil des Teams zu sein.

Scheitern braucht Kultur

Die Basis jedweder Form von Mut ist Selbstvertrauen in meine eigenen Fähigkeiten, aber auch in die meines Teams. Das heißt, dass ich überzeugt bin, dass wir trotz aller Risiken und Schwierigkeiten das Ziel erreichen werden. Sind wir nicht mutig, fehlt das Vertrauen in den eigenen Weg und die Kompetenzen des Teams. Im analogen Zeitalter hat es gereicht, wenn der Chef allein Mut für neue Ideen aufbrachte. Im digitalen Zeitalter reichen Ideen aus einer Expertise, einer Führungsperspektive nicht aus: Wir brauchen wagemutige Ideen auf allen Ebenen.

Die entscheidende Frage ist: Lässt die Kultur meines Unternehmens überhaupt Mut zu? Im nächsten Schritt gilt es, mich selbst zu hinterfragen: Bin ich ausreichend risikofreudig? Oder habe ich möglicherweise Angst vor den Konsequenzen, wenn meine Ideen nicht funktionieren?

Das alles läuft auf ein Stichwort hinaus: die Fehlerkultur!

Wie gehen wir hierzulande mit Fehlern um? Ein Fehler oder gar Scheitern ist bei uns etwas Negatives. Schauen wir im Gegensatz dazu mal nach Amerika, das Land der Schnelligkeit, des Internets und der Spitzenreiter. Nicht umsonst sprechen wir vom American Dream, »vom Tellerwäscher zum Millionär«. Amerika, Amerika: Vielleicht wollen wir das alles nicht mehr hören? Allerdings ist es nach wie vor so, dass das Land bis dato als wissenschaftlicher Spitzenreiter betrachtet wird. Die amerikanischen Forscher sind auf vielen Gebieten, besonders den wirtschaftsrelevanten, führend in der ganzen Welt. In den Hochschulen und Forschungseinrichtungen finden sich nicht nur beste Arbeitsbedingungen, sondern auch eine ganz andere Fehlerkultur als hierzulande.

Warum gehen so viele Nobelpreise in die USA? Weil dort Scheitern zum Erfolg gehört!

Das eindrucksvollste Beispiel ist für mich der Gründer von PayPal, Max Levchin. Dieses Zitat von ihm ist schon fast legendär: »Das erste Unternehmen, das ich gegründet habe, ist mit einem großen Knall gescheitert. Das zweite ist ein bisschen weniger schlimm gescheitert, aber immer noch gescheitert. Und wissen Sie, das dritte ist auch anständig gescheitert, aber das war irgendwie okay. Ich habe mich rasch erholt, und das vierte Unternehmen überlebte bereits. Es war keine großartige Geschichte, aber es funktionierte. Nummer fünf war dann PayPal.«[5] In Deutschland herrscht in vielen Fällen eine komplett andere Denkweise vor: Der Fehler selbst wird nicht als Teil des Erfolgs gesehen, ist nicht salonfähig. Diese destruktive Haltung wird von oben vorgelebt, ob es sich um unsere Politiker handelt oder um die Wirtschaftsbosse. Fehler gelten als Karrierekiller. Sie werden überall hingestellt, hinter den Vorhang und in den Tresor zum Beispiel, nur um Himmels willen nicht zur Diskussion im Team. Doch genau dahin würden sie gehören, sodass alle etwas daraus lernen können!

Der Wirtschaftspsychologe und Fehlerforscher Michael Frese hat die Fehlertoleranz von 61 Ländern miteinander verglichen. Deutschland landete dabei auf Platz 60![6] Schlechter schnitt nur noch Singapur ab, wo sogar die Prügelstrafe noch existiert. Wir sind als Perfektionisten bekannt, und die machen keine Fehler. In vielen Unternehmen wird der Lerneffekt von Fehlern unterschätzt, und dementsprechend wird die Schuld für Fehler bei anderen gesucht.

Die Amerikaner lieben und verehren ihre Helden und sind als Stehaufmännchen bekannt. In Deutschland reagieren wir eher mit Neid, wenn jemand erfolgreich ist. Offen sein für Neues heißt auch zu akzeptieren, wenn es mal nicht funktioniert. Scheitern kann ein erster Schritt zum Erfolg sein. Neues entsteht nur, wenn wir unsere Einstellung zu Fehlern ändern. Daher ist der Schritt, eine Mut-Kultur zu etablieren, eng an die Fehlerkultur eines Unternehmens geknüpft. Intelligente Führungskräfte bauen mit ihrem Team ein kollektives Mastermind. Steve Jobs war der Ursprung des Masterminds von Apple, Richard Branson von Virgin, Max Levchin von PayPal. Ab sofort bildest du mit deinem Team ebenfalls ein kollektives Mastermind! Schon dieser Denkschritt verändert deine Haltung und die deiner Mitarbeiter völlig. Die digitalen Herausforderungen verlangen nach Teamintelligenz; du kannst sie nicht allein stemmen. Etabliere deshalb ein gemeinsames Verständnis dafür, dass Fehler die Basis für die Entstehung neuer Ideen sind.

»Die bei uns noch weitverbreitete Fehlerkultur zerstört systematisch Mut und Risikobereitschaft – und dadurch die Möglichkeit, innovativ zu sein.«

Jede Veränderung braucht Mut, weil man vertraute Denkmuster und Strukturen verlassen muss. Das Schlimmste für ein Unternehmen im digitalen Wandel ist deshalb: Mutlosigkeit. Ohne Mut zur Veränderung findet keine Weiterentwicklung statt. Doch da, wo Mut gebraucht würde, beobachte ich nach wie vor das Gegenteil: Meeting-Marathons und endlose Abstimmungsschleifen. Viel besser, als uns den Hintern auf einem Stuhl breitzusitzen, wäre, ihn hochzukriegen: Unsere Organisationsstrukturen sind vielerorts einfach zu langsam geworden für dieses schnell drehende Zeitalter.

Wie aber können wir den Menschen die Scheu vor Veränderungen nehmen? Neben der oben beschriebenen für uns Deutsche noch neuen Einstellung zu Fehlern schrecken viele auch vor der Reaktion der anderen auf ihre Initiative zurück. In der Sache nicht ganz zu Unrecht: Du kannst leider tatsächlich nicht davon ausgehen, dass jeder offen für neue Denkanstöße, geschweige denn für einen umfangreichen Kulturwandel ist. Widerstände sind in Veränderungsprozessen keine erschreckenden Störfaktoren, sondern ganz normaler Bestandteil des Ablaufs. Man kann, man muss mit ihnen rechnen. Sowohl den Umgang mit diesen Konflikten als auch die Übung im »Verkaufen« der eigenen Ideen sollte jeder Entscheider als wertvolles Training ansehen: Lauf dich schon mal warm, das wird noch öfter passieren.

Als Peter Vullinghs das Projekt »WPI«, die Workplace Innovation, einführte, waren seine Mitarbeiter damit zunächst ebenfalls überfordert. Solche Widerstände setzen oft an überraschend banalen Punkten an: »Wenn die Zentrale umzieht, welchen Bus muss ich dann nehmen?« – »Wo steht in Zukunft meine Kaffeetasse?« – »An wen wende ich mich, wenn es Probleme gibt?« Im Fall von Philips fanden die Mitarbeiter zwar die Grundidee eines modernen Arbeitsplatzes toll, aber der Teufel liegt wie so oft im Detail. Kleine Meetingräume etwa fördern zwar die persönliche Interaktion mit Menschen stärker und sollen ein Mittel für mehr Effizienz darstellen. Dennoch tauchen in den Köpfen der Mitarbeiter unweigerlich Fragen auf: »Wie genau läuft dann so ein Meeting ab?« – »An wen wende ich mich, wenn etwas nicht läuft?« Hier muss die Führungskraft als Integrator aktiv werden und auch auf der emotionalen Ebene Übersetzungsarbeit leisten. Das ist ein langer Weg, der mit der operativen Umsetzung der Reorganisation erst beginnt und viel Fingerspitzengefühl gerade auf der Beziehungsebene erfordert. Menschen brauchen einen festen Anker, wenn die Wellen hochschlagen. Und sie blicken in dieser Situation automatisch zu ihrem Vorgesetzten. Und der ist dann besser vorbereitet …

Kürzlich war ich bei einem Verlag, der kurz zuvor einen jungen neuen CEO eingestellt hatte. Er führte neue Führungsleitlinien ein, deren Inhalt und Stil sich an Grundprinzipien der neuen Arbeitswelt orientierte. Er war zum Beispiel der Ansicht, sein Büro sei zu groß und fördere nicht genügend die Kommunikation mit seinem

> **»Vergleicht mal die Fehlerkulturen bei uns und in den USA: Hier sind Fehler etwas Schlechtes, in den USA sind sie die Bausteine zum Erfolg.«**

Team. Also ließ er die Tür entfernen. Seine Sekretärin, deren Stellenbeschreibung nun »Assistentin« lautet, bekam einen Schreibtisch in seinem Büro. Darüber hinaus führte er die Duzkultur ein.

Die Folge: Viele Mitarbeiter konnten mit dem neuen Stil nicht umgehen. Als eine Mitarbeiterin die neuen Visitenkarten von ihm freigegeben haben wollte (ernsthaft?), klopfte sie statt an der Tür nun eben unsicher an den Türrahmen – und siezte den CEO hartnäckig, obwohl er sie nicht minder hartnäckig duzte. Dieses Phänomen treffe ich übrigens ganz häufig an. Hier treten Differenzen in der persönlichen Haltung zutage. Solange sie nicht aufgelöst werden, können auch die Maßnahmen nicht greifen und schon gar nicht nachhaltig auf eine neue Kultur einwirken.

Erkennst du dich in manchem wieder, was du hier liest? Keine Sorge: Da bist du alles andere als allein. Mut lässt sich nicht von einem Moment auf den nächsten einschalten, genauso wenig wie ein radikaler Kulturwandel. Wie bei jeder Verhaltensänderung beginnt der Change im Kopf, bei der eigenen Haltung. Doch wenn wir uns dessen bewusst sind, können wir uns öffnen, gemeinsam unsere Neugier entdecken und die Veränderung im Team stemmen. Früher stand ich als Chef allein da, wenn ich ein Risiko einging und das wagemutige Projekt scheiterte. Heute ist der Führende nicht mehr automatisch der Dumme. Heute läuft das anders: Neue Ansätze oder Lösungswege werden im Team diskutiert und auch die Risiken besprochen – genauso wie ein Plan B, wenn etwas schiefgeht.

Wo sitzen die Kreativen?

Eine Frage bewegt mich schon lange: Wie kommt der Mut ins Unternehmen?

Ein interessanter Ansatz, den viele Unternehmen gewinnbringend verfolgen, liegt in der Kunst. Berit Sandberg und Dagmar Frick-Islitzer gehen darauf in ihrem lesenswerten Buch *Die Künstlerbrille – Was und wie Führungskräfte von Künstlern lernen können* genauer ein.[7]

Das zeigt sich in Praxisbeispielen, aber auch in empirischen Studien, die in den letzten Jahren zu diesem Thema durchgeführt wurden. Kunst fördert nicht nur die Kommunikation, nein, sie bricht mit Regeln und hinterfragt Routinen. Die Auseinandersetzung mit Kunst erschließt uns ganz andere Welten.

Denn zwischen Kunst und Wirtschaft gibt es eine überraschende Parallele: Der Künstler steht für Veränderung, so wie der Manager der Zukunft. Er probiert neue Wege aus und setzt damit Trends – und auch er wird dabei nicht immer gleich auf Anhieb verstanden. Dennoch geht er den Weg weiter, häufig auch gegen Widerstände. Er ist mutig, entschlossen, zeigt Haltung. Im besten Fall wird er eines Tages für seine Beharrlichkeit bewundert. Mahatma Gandhi drückte es einst so aus: »Zuerst ignorieren sie dich, dann lachen sie über dich, dann bekämpfen sie dich, und dann gewinnst du.«

In vielen Unternehmen wird deshalb Kunst erfolgreich eingesetzt, um eingefahrene Denkweisen zu hinterfragen und zu brechen. Künstler gehen vor allem intuitiv und experimentell vor. Sie denken über Fehler nicht nach. Pablo Picasso etwa übermalte Bilder mehrmals, bis er mit dem Ergebnis zufrieden war. Nicht anders in der Musik: Ein Musikstück wird entwickelt und sprudelt nicht von Anfang an fertig aus der »Feder«. Wenn ich ein Buch schreibe, auch wenn es ein Sachbuch ist, schreibe ich mehrfach um, kombiniere neu und drehe viele Schleifen, bevor das Endergebnis steht. Künstler erfinden sich ständig neu. Genau das erfordert unser Zeitalter von seinen Entscheidern: sich ständig neu zu erfinden. Und das ist schließlich auch eine Form von Agilität.

Was viele unterschätzen ist, dass künstlerische Kreativität harte Arbeit ist und außerdem nicht ohne Rückschläge auskommt – wie auch das Projektmanagement in Unternehmen. Vielfach kommen Projekte in ihrem Verlauf ins Stocken, und das Vorhaben nimmt einen anderen Verlauf als vorgesehen. Was macht der Projektverantwortliche dann? Er improvisiert und sucht nach Lösungen, die es bisher noch nicht gab – und manchmal kooperiert er dafür mit überraschenden Partnern. Die Arbeit von Künstlern und Führenden ist vielfach vergleichbar!

Ich bin häufiger beim Unternehmen Würth in Künzelsau als Seminarleiterin vor Ort. Der Gründer Reinhold Würth hat diesen Zusammenhang von Kunst und Wirtschaft zu einem Pfeiler seines Erfolgs gemacht. »Würth hat nicht nur das Familienunternehmen in einen globalen Konzern und nationalen Wohlstandsgaranten verwandelt, sondern auch sich selbst, ganz in der Tradition der Renaissance, in einen Kunstmäzen, Kultursponsor, Museumsgründer und Patron der Wissenschaften«, schreibt die *Welt* über ihn.[8] Er hat früh erkannt, dass Künstler in der Lage sind zu experimentieren, Neues auszuprobieren, sich an unangetastete Sujets heranzuwagen. Von dieser Erkenntnis ausgehend hat er eine Brücke zu Menschen im Unternehmen geschlagen, über die man in der Zentrale von Würth regelrecht stolpert: An jeder Ecke stößt man auf interessante Kunstobjekte unterschiedlicher Genres. Fast scheint es, als seien sie Teil des Unternehmens, obwohl die Produktpalette von Würth nicht wirklich mit Kunst in Verbindung gebracht werden kann. Doch die Assoziationen machen Lust auf neue Gedanken, aufs Entdecken, aufs Ausprobieren. Die Kunst regt dazu an, neue Blickwinkel einzunehmen und den Blick auf das Ganze zu ändern. Genau das verlangt der digitale Wandel von uns: Bewährtes infrage zu stellen, indem wir dem Ungewissen eine Chance geben und uns nicht scheuen, ungewöhnliche Wege zu gehen.

Wie wäre es statt dem geplanten Betriebsausflug oder dem Offsite mal mit einem Museumsbesuch oder einer Zusammenarbeit mit einem Performance-Künstler? Kunst zeigt uns, wie man große Ideen denkt, ohne sich selbst künstliche Grenzen zu setzen. Wer die Chancen erkennt, die im Zusammenwirken von Kunst und Wirtschaft liegen, entwickelt eine ganz andere Einstellung zu den Herausforderungen des digitalen Wandels und den persönlichen Potenzialen, die dabei zum Tragen kommen können: ungeahnte Möglichkeiten für ungeahnte Talente.

Der Influencer: Trendbarometer und Change-Motivator

Hier schließt sich der Kreis zum Influencer Leadership®: Jeder Künstler nimmt ebenfalls die Rolle eines Influencers ein. Künstler setzen Trends, weil sie ihrer Zeit voraus sind. Mit Me-too gewinnen sie keinen Blumentopf. Ein Influencer, der nicht mit der Zeit geht, ist ebenfalls kein Influencer. Erst die Zukunftsorientierung macht ihn zu einem Vordenker.

Gleichzeitig sind Influencer wichtige Akteure ihrer Gemeinschaft; Sprachrohre und Botschafter zugleich. Die Menschen hören ihnen zu. Das muss nicht zwingend im Netz passieren, auch wenn viele Bewegungen heute dort ihren Anfang nehmen. Betrachten wir nur einmal die berühmte Klimaschützerin Greta Thunberg: Sie bringt es als Teenager fertig, komplexe Zusammenhänge über den Zustand unseres Planeten zu prägnanten Botschaften zusammenzufassen, mit denen sie Menschen weltweit erreicht. Selbst den bedeutendsten Klimaforschern und Umweltexperten ist das zuvor in dieser Form nicht gelungen. Ihre Botschaften sind so klar und deutlich, dass sie Menschen damit aus ihrer Komfortzone holt und tatsächlich dazu bewegt, sich persönlich zu engagieren – wohlgemerkt, indem sie ihr folgen! Der Grund ist das Ziel: Greta Thunberg setzt sich für eine bessere Zukunft ein. Als Vertreterin der betroffenen Generation wirkt sie glaubwürdig und berührt damit die Welt.

Aber Achtung: Auch sie muss sich starker Kritik stellen. Für ihre Kampagne »Fridays For Future« hat die mittlerweile 17-Jährige nicht nur Befürworter gefunden. Die große Popularität weckt Kritiker, die hartnäckig hinterfragen, ob sie sich nicht doch nur als PR-Marionette hat einspannen lassen. Als Kopf einer großen Veränderungsbewegung steht sie im Sturm – und sie scheint sich dessen durchaus bewusst zu sein.

Influencer – egal ob on- oder offline, bei YouTube oder im Unternehmen – schaffen Verbindungen zu den Menschen. Sie begeistern andere durch ihren Mut, ihren Veränderungswillen und ihre Offenheit. Wir Älteren als Digital Immigrants (also Menschen, die noch nicht mit den digitalen Medien aufgewachsen sind) stoßen deshalb immer wieder auf Probleme im Verhältnis zu den Digital Natives, die es von der Pike auf gewohnt sind, sich auf sozialen Plattformen darzustellen, und sich wie selbstverständlich im Netz bewegen. Die jüngeren Generationen sind es eher gewöhnt, sich in großer Offenheit auch einer breiteren Öffentlichkeit zu zeigen. Nicht jedem gelingt das im selben Maße, doch die Grundhaltung ist einfach eine andere.

Auf Dauer erfolgreich sind nur Influencer, die auch dauerhaft glaubwürdig rüberkommen (vgl. auch den Abschnitt über den Social Proof). Aber was heißt das? Es bedeutet, dass man seine Thesen, Meinungen oder Empfehlungen glaubwürdig kommuniziert und es schafft, eine starke Beziehung mit seinen Followern aufzubauen. Dazu brauche ich natürlich auch Follower – und zwar solche, die eine gewisse Loyalität mitbringen. Als Influencer bin ich immerhin auf meine Follower angewiesen. Sie sorgen erst für meinen Wert als Orientierungsfigur. Ohne ihren Rückhalt und ihr Feedback bin ich aufgeschmissen – so wie als Führender ohne den Rückhalt meines Teams. Wie kann ich ihn mir sichern?

In Zeiten der Unsicherheit ist all das gefragt, was mir als Mensch, als Mitarbeiter Sicherheit gibt. Seit Jahrtausenden hat sich beim Menschen in seinen Grundstrukturen kaum etwas verändert. Der Mensch ist und bleibt in seiner Natur ein Sicherheitsfanatiker, egal wie flexibel und anpassungsfähig der Einzelne aufgrund seiner persönlichen Sozialisation und Entwicklung ist. Das ist der Grund, warum vertrauensvolle persönliche Beziehungen in unsicheren Zeiten wachsende Bedeutung erfahren.

Eine solche Beziehung kann ich als Chef nur aufbauen, indem ich nicht nur über Zahlen, Daten und Fakten spreche, sondern auch über mich persönlich. Einen emotionalen Zugang zu den Menschen bekomme ich erst, wenn ich mich öffne und auch meine Mitarbeiter als Menschen behandle. Die Beziehung wächst an den ganz grundlegenden Mechanismen des Zusammenlebens: Wie wertvoll ist das Vieraugengespräch für den Mitarbeiter, der erfährt, welchen höheren Sinn sein Beitrag für das Unternehmen erfüllt! Und wie gut fühlt es sich erst an, wenn der Vorgesetzte sich auch für den Mitarbeiter als Mensch interessiert, nicht nur für seine Arbeitskraft.

Erst kürzlich hatte ich ein angeregtes Gespräch mit dem Geschäftsführer eines mittelständischen Unternehmens. Er führt ständig ein Notizbuch bei sich, in dem er Informationen über seine Mitarbeiter notiert – und damit meine ich nicht etwa nur ihre Ergebnisse. Wenn er lobt, bezieht er sich auf die Notizen, die er dort macht, und kann dadurch direkt Bezug auf seine Beobachtungen nehmen. Er hat damit begonnen, als ihm gespiegelt wurde, dass manche Mitarbeiter sich nicht genügend beachtet und wertgeschätzt fühlten, was ihm zu schaffen machte. Seit er damit begonnen hat, sich in seinen Feedbacks auf ganz konkrete persönliche Beobachtungen zu beziehen, fühlen seine Mitarbeiter sich ganz anders »gesehen« und ernst genommen, wie er mir berichtete. Sie wissen: Ihr Beitrag wird bemerkt, er geht nicht einfach unter. Ihr Engagement lohnt sich also.

Das Beispiel zeigt: Es ist nicht so schwer, als Vorgesetzter Menschen zu gewinnen – auch jene, die mich schon länger kennen. In einer Welt, die von Unsicherheiten und Veränderungswellen geprägt ist, sind intakte Beziehungen das rettende Ufer.

Leider haben viele Führungskräfte ausgerechnet die Beziehungsebene schon über sehr lange Zeit vernachlässigt. Sie haben jetzt viel zu tun. Denn sich mit der eigenen Haltung zu öffnen ist das eine, beziehungsorientierte Führung zu kultivieren – mit allen Konsequenzen – noch einmal etwas anderes.

Mach dich angreifbar!

Was heißt denn Offenheit nun genau, magst du dich fragen – soll ich von nun an alle meine Privatangelegenheiten mit meinen Mitarbeitern teilen?

Das entscheidest natürlich du, wenngleich es darum nicht unbedingt geht. Eins ist dagegen sicher: Menschen folgen Menschen, weil sie Ähnlichkeiten erkennen. Das suggeriert ihnen, dass sie sich auch in Krisenzeiten auf den anderen verlassen können, weil man »im selben Boot« sitzt.

Eine menschliche Bindung beginnt mit einfachen Signalen. Wenn mein Mitarbeiter weiß, dass ich auch gerade einen Kitaplatz für mein Kind suche, dass ich in das gleiche Fitnessstudio gehe oder die gleichen Podcasts höre, entsteht ein unsichtbares Band, wie zart es zunächst auch sein mag. Wenn ich Informationen über mich teile und sich daraus Gemeinsamkeiten ergeben, fühlen sich andere mir näher und sind umgekehrt auch eher bereit, sich mir zu öffnen. Das gilt nicht nur im Freundeskreis und beim Dating, sondern auch im Team: Für Menschen, mit denen wir etwas teilen, sind wir eher bereit, uns zu engagieren.

Aus diesem Grund haben sich einige Unternehmen etwas einfallen lassen, um die persönlichen Bindungen unter den Mitarbeitern und Führenden zu fördern. Eine Methode des Zusammenrückens zelebriert Google bei den regelmäßig stattfindenden internen TGIF-Meetings (Thank God It's Friday), über die ich in meinem Buch *Digital ist egal* detailliert berichtet habe. Hier können die Mitarbeiter in lockerer Atmosphäre dem CEO persönlich jedwede Frage stellen, die sie bedrückt. Veeva Systems verfolgt einen ähnlichen Ansatz: Dort findet ebenfalls in regelmäßigen Onlinemeetings ein Informationsaustausch statt, bei dem alle Fragen erlaubt sind. Im Nachgang wird sogar noch einmal per Fragebogen nachgefragt, ob Themen offengeblieben sind oder Fragen nicht geklärt wurden, damit nichts »stecken bleibt«.

An dieser Offenheit seitens der Führung erkennt man den Mut, sich vor allen angreifbar zu machen: Stellt jemand eine schwierige oder unbequeme Frage, bekommt das ganze Unternehmen die Reaktion des Chefs mit. Das Signal: Wir haben nichts zu verbergen – wir können hier über alles reden.

Natürlich birgt Offenheit auch Gefahren. Jeder, der in einer (noch) wenig von Offenheit geprägten Kultur etwas verändern will, fällt auf und kann zunächst nicht sicher sein, ob er auf offene Ohren oder Widerstände stößt. Nicht nur Führungskräfte laufen mit ihren Ideen gegen Wände. Wenn ich in wichtigen Fragen eine andere These vertrete als alle anderen, stoße ich automatisch auf Widerstand; die Frage ist, wie in einer Unternehmenskultur damit umgegangen wird. Wer vorangeht, bekommt auch als Erster die Stolpersteine zu spüren – das ist unvermeidlich. Jeder, der in der Öffentlichkeit steht, kann davon ein Lied singen; jeder Influencer kennt Cybermobbing und aggressive Troll-Kommentare. Die sogenannten Hate Speeches sind ein Phänomen, das das digitale Zeitalter vielleicht nicht unbedingt erfunden, wohl aber zum Vorschein gebracht hat.

Erfolgreiche Influencer müssen das nicht etwa ab und zu aushalten, sondern ständig. Sie kämpfen regelmäßig mit Hassbotschaften, Diskriminierung und Mobbing. Das hat nicht zwingend mit der Überzeugung der Influencer zu tun. Vielfach ist der Grund einfach nur Neid. Auf eine Person in der Öffentlichkeit wird die persönliche Unzufriedenheit projiziert – wie schon früher auf Prominente.

»Wir müssen lernen, alle Ideen, auch die schrägen, zuzulassen – und nicht diejenigen niederzumachen, die sich trauen, Neues auszuprobieren.«

Was können wir von den Influencern darüber lernen, wie man als Change-Vorreiter professionell auf heftige Widerstände, vielleicht sogar persönliche Angriffe reagiert?

Auf Gegenstimmen und negative Kommentare zu reagieren, so die Onlineexperten, kostet

Zeit und Kraft – doch die Vorteile überwiegen. Wer reagiert, zeigt Stärke, nicht nur den Hatern, sondern auch den Followern. Indem man sich negativen Botschaften stellt, schafft man einen Raum für Debatten. Wer also auch auf unerfreuliche Rückmeldungen reagiert, hat damit eine zusätzliche Chance, noch unentschlossene Betrachter zu überzeugen. Je nachdem, wie anständig man sich dabei verhält, kann man sogar damit rechnen, dass andere der gemeinsamen Sache beispringen. Dann steht man nicht mehr allein – auch als Führungskraft, die den Wandel als gemeinsame Mission durchzieht, anstatt ihn als Alleingang auf dem Rücken der anderen durchzupauken.

Im Businesskontext hat der Entscheider hoffentlich nicht direkt mit Hate Speeches zu tun. Doch Veränderungen, oder vielmehr die Angst der Menschen davor, bedingen stets ein hohes Maß an Negativkritik, der es sich zu stellen gilt. Wie gehe ich am besten damit um?

Zunächst ist es empfehlenswert zu überlegen, ob im gegebenen Fall von konstruktiver Kritik die Rede sein kann. Enthält die Kritik ein konstruktives Element, ist die Reaktion darauf vielleicht nicht angenehm, aber einfach: Es gibt keinen anderen Weg, als sich ihr zu stellen und sie aufzugreifen.

Ich selbst bin schon in einen Shitstorm geraten, der sich auf einen redaktionellen Beitrag von mir im Netz bezog. Unter einem Shitstorm versteht man eine Welle der Entrüstung, die sich in einem Kommunikationsmedium wie den Kommentaren in einem sozialen Netzwerk entlädt oder direkt an den Betreffenden gesendet wird. In dem Artikel hatte ich einen Großteil der Führungskräfte in Deutschland als »emotionale Autisten« bezeichnet. Die Führungskräfte, bezeichnenderweise, meldeten dagegen kaum einen Protest an. Der Artikel wurde jedoch unter anderem auf einer Onlineplattform publiziert, die viele Autisten zu ihrer Leserschaft zählt. Und diese Menschen beschwerten sich zu Recht umgehend bei mir über meine Wortwahl mit der Begründung: Sie hätten es satt, dass ihre Diagnose als Schimpfwort missbraucht werde. Reihenweise gingen auf meinem Smartphone Protestbotschaften ein.

Hatten die kritischen Stimmen recht? Natürlich hatten sie total recht! Man hätte auch von »emotionalen Eisbergen« sprechen können, schrieb einer der Kritiker: eine konstruktive, kritische Anmerkung, die ins Schwarze traf. Ich reagierte umgehend, entschuldigte mich ganz offiziell und versprach, diesen Vergleich nie wieder zu ziehen. Und diese Reaktion wurde gewürdigt, weil ich damit unmissverständlich meinen Respekt bekundete.

Wo es eine Meinung gibt, gibt es eine Gegenmeinung. Wenn sie geäußert wird, gilt es sich ihr umgehend und respektvoll zu stellen. Wir sollten bereit sein, zu unserer Meinung zu stehen – aber auch zu unseren Fehlern. Wir sollten unterscheiden, wann wir mit unserer Meinung nur für Neider oder Zauderer eine Projektionsfläche darstellen und wann wir uns ernsthaft und öffentlich mit Kritik auseinandersetzen. Damit zeigen wir uns unseren Followern als verlässliches Vorbild für die gemeinsamen Überzeugungen. Dieses Verhalten erhöht sofort unsere Wirkung als Influencer – und das eben nicht nur im Internet, sondern in jedem Meeting und in jedem Veränderungsprozess. Wenn man Kritik ignoriert, lässt man damit auch diejenigen im Stich, die dieselbe Überzeugung teilen. Es ist eine Frage der Glaubwürdigkeit.

> **»Influencer *machen* einfach, sie leben nach dem Trial & Error- Prinzip.«**

Eine interessante Herangehensweise einer bekannten Influencerin namens Dagi Bee ist auch unter anderen Influencern und sogar unter Promis verbreitet. Sie geht ganz offensiv mit Hater-Kommentaren um: Sie liest die Hassnachrichten in ihren eigenen Videos ihren Followern einfach vor, zum Beispiel hier: https://www.youtube.com/watch?v=v_8Iio-pHgw. Volle Transparenz: Radikaler kann man sich der Kritik nicht persönlich stellen.

Veränderungen mögen uns Angst machen, doch gemeinsam bringen wir leichter den Mut auf, uns ihnen zu stellen. Der Forscher David Eagleman bringt es auf den Punkt mit seiner Aussage: »Du bist, wo du warst.«[9] Was er damit meint, ist, dass man über den Tellerrand des Bekannten hinausblicken soll. Welche Meinung wir zu Situationen haben, die wir erleben, ist vom Kontext unserer Geschichte geprägt – doch diese Geschichte weiterzuschreiben liegt ganz allein in unserer Hand.

Neugierige vor! Vernetze und verbinde dich mit deinem Umfeld zu einem Team von Entdeckern. Kollaboriere mit Kollegen, mit Experten, mit Künstlern und vor allem mit deinem Team. Stifte einen Mehrwert für alle, nutz die Kenntnisse anderer und reduzier auf diese Weise die Komplexität für den Einzelnen. All das sorgt dafür, dass Veränderung machbar wird. Und vor allem: Hab Spaß und lass zu, dass andere Spaß haben!

Für die »Follower« einer gemeinsamen Sache werden Veränderungen nach und nach zur neuen Sicherheit, während die Ängste sich immer weiter zurückziehen. Mitarbeiter brauchen mutige Vorbilder, an denen sie sich orientieren können, um selbst Mut zu entwickeln. Wir können ihnen vorleben, disruptiv zu denken, Fehler einzukalkulieren und auch unerwartete Herausforderungen und Hürden erfolgreich zu meistern. Werde zum Influencer für dein Team und setz ganz neue Standards!

Fazit: Deutschland braucht Pioniere statt Zauderer

Mut ist die fundamentale Antriebskraft, damit wir im Leben das erreichen, was wir wirklich wollen. Und eines wissen wir alle: In der Regel – mindestens bei den meisten von uns – ist dieser Mut nicht einfach da; wir müssen ihn aufbringen. In der Praxis treffen wir vielfach auf Chefs, die in einer Art Schockstarre gefangen und vor allem um Selbstschutz bemüht sind. Sie warten darauf, dass die anderen handeln. Noch läuft es ja! Wer weiß, ob der neumodische Kram sich bewährt! Irgendjemand wird sich schon drum kümmern! Jeder kennt die Floskeln, mit denen das Gewissen beruhigt werden kann – oder wenigstens suspendiert, bis zur nächsten Welle.

Es ist nur so: Irgendwann kommt die Welle, die uns nicht mehr umspült, sondern umhaut und kopfüber in die Strömung zieht. Wer bis dahin nicht schwimmen gelernt hat …

Dabei ist es ja nicht so, dass es in Deutschland keine Pioniere gäbe. Immerhin sind wir traditionell alles andere als ein technologiescheues Land: Haben wir nicht die MP3 erfunden, wenngleich erst andere damit das große Geschäft gemacht haben? Die Magnetschwebebahn, die heute in Shanghai eingesetzt wird? Wir brauchen diesen Spirit zurück. Denn genau das sind wir, in gewisser Weise, jetzt alle wieder: Start-up-Unternehmer, die ihre Geschäftsmodelle und Führungsgrundsätze überdenken und an die neue Welt anpassen. Christoph Kolumbus verließ sein sicheres Schiff Santa Maria, um Amerika zu betreten. Er wusste nicht, was ihn erwartete. Er war angetrieben vom Wagemut und dem Willen, Neues zu entdecken. Neil Armstrong betrat 1969 als erster Mensch den Mond: »Ein kleiner Schritt für einen Menschen, ein großer Schritt für die Menschheit.« Heute, wo die größten Entdeckungen virtuell geschehen, geht uns dieser Spirit nach und nach verloren. Wir sollten wieder mehr vom Mut beseelt sein. Mut macht Lust auf Neues, Lust auf mehr. Und das Beste ist: Er ist ansteckend. Mit Mut stecken wir andere Menschen an und werden dadurch zum Influencer, zum Pionier, zum Vorreiter.

Jeder Change-Prozess beginnt bei den Führungskräften. Wir werden auf der Reise in die Zukunft zu Inspiratoren und Impulsgebern, ob wir das wollen oder nicht. Diese Rolle ist uns vorherbestimmt. Es liegt an uns, wie wir sie ausfüllen, ob wir die Mitarbeiter mitnehmen oder nicht. Die Herausforderung liegt aber nicht nur darin, überhaupt den nötigen Mut aufzubringen, sondern auch in den vielen unterschiedlichen Erscheinungsformen. Der Wandel, jeder Wandel, ist ein vielschichtiger Prozess.

Wenn du mit deinem Team Veränderungen anstrebst, wirst du mit den unterschiedlichsten Situationen konfrontiert, die dich auf mehreren Ebenen gleichzeitig fordern:

1. Die Vielschichtigkeit benötigt die Fähigkeit zur Fokussierung und bedingt gleichzeitig den **Mut zur Lücke** und zur Unvollkommenheit. Fokussieren solltest du dich auf die Entwicklung der unterschiedlichen Rollen in deinem Team, aber auch auf die Themen, die ihr angeht.
2. **Mut zur Entscheidung:** Hab Vertrauen in dich und andere! Einfach tun und ausprobieren lautet die Devise. Das bedingt zugleich den **Mut, die richtigen Fehler zu machen:** Wir brauchen neue Wege, Prozesse und Produkte. Nicht jede Idee gelingt sofort und liefert entsprechende Umsätze.
3. **Mut, sich selbst zu hinterfragen.** Wenn alles infrage gestellt wird und der Führungsstil ein wichtiges Schlüsselelement dafür ist, muss ich den Mut aufbringen, mein bisheriges Verhalten zu reflektieren: Ist meine Haltung die richtige Grundlage für eine neue Kultur?
4. **Mut, Bewährtes infrage zu stellen:** Fragen rütteln an Tabus. Sie sind mutig, weil andere sie nicht stellen und weil sie die Unsicherheit verstärken können. Menschen fordern Klarheit. Und gerade in traditionellen Unternehmen ist es schwieriger, Fragen zu stellen. Hinzu kommt, dass wir aus der Vergangenheit kennen, dass der Chef doch alles am besten weiß. Er ist doch der mit den Antworten, er sorgt doch für Klarheit!
5. Hab den **Mut zur Partizipation!** Bezieh dein Team und dessen Kompetenzen in alle Fragen und Entscheidungen mit ein. Dadurch vermittelst du den Mitarbeitern Vertrauen in ihre Fähigkeiten und Wertschätzung. Du bewegst dich auf Augenhöhe, bist erkennbar Teil des Teams. Zeig ihnen, dass jeder Beitrag wichtig und für das Gelingen der Projekte unverzichtbar ist.
6. **Mut, Feedback auszuhalten:** Gerade in Veränderungsprozessen steht man häufig mit seiner Meinung allein da. Man wird kritisiert – manchmal konstruktiv, manchmal aber auch einfach aus Missgunst oder weil man den Mut hat, andere Wege zu gehen.
7. **Mut zur Offenheit:** Offenheit endet nicht damit zu erklären, warum welche Entscheidungen getroffen werden; sie hat auch eine persönliche Dimension. Wenn du dich als Mensch zeigst, machst du dich zwar angreifbar, schaffst damit aber eine Ver-

trauensebene, die erforderlich ist, um ein Beziehungsmanager zu werden, der sein Team mitnimmt.

8. **Mut, anders zu sein** als die Masse: Welche Signale und Botschaften sendest du als Leitfigur im Wandel? Mach dich mit deinen Meinungen, deiner Persönlichkeit und deinen Vorgehensweisen einzigartig. Lebe deine Eigenschaften und Unterschiede glaubwürdig, dadurch gewinnst du Follower und wirst zum unverwechselbaren Influencer.

9. Daher zeige auch **Mut, Menschen zu beeinflussen**: Wir brauchen Influencer, die auf der einen Seite Trends aufgreifen, auf der anderen Seite aber auch den Menschen die nötige Sicherheit geben, diesen Trends zu folgen. Menschen wollen nicht geschubst, sondern motiviert werden, den Herausforderungen mit ihren eigenen Talenten zu begegnen und Hürden zu überwinden.

10. Hab schließlich stets den **Mut, neue Wege zu gehen**, also die Veränderungen auch nachhaltig umzusetzen! Dafür musst du raus aus deiner Komfortzone, Bewährtes infrage stellen und Neues ausprobieren. Die bewährten Prozesse und Verhaltensweisen besaßen Gültigkeit für das analoge Zeitalter. Garantien, dass Veränderungen gelingen, gibt es nicht. Aber du hast die Möglichkeit, die Welt mit deinem Team selbst neu zu gestalten!

Die folgenden Fragen sind meine Einladung an dich, deinen Mut und Veränderungswillen zu hinterfragen und herauszufinden, was du brauchst, um dich der Veränderung zu stellen:

 ## Reflexionsfragen

1. Welche Bedenken, Sorgen oder Ängste lösen Veränderungen in dir aus?
2. Wie gehst du mit Veränderungen jeglicher Art im Alltag um – fallen sie dir leicht oder schwer?
3. Was hindert dich im Alltag daran, Gewohnheiten ändern?
4. Woher kommen deine Bedenken?
5. Was könnte dir helfen, positiver auf Veränderungen zu schauen und deine Bedenken zu hinterfragen?
6. Begrüßt du Neues (etwa ein neues Smartphone) oder bevorzugst du Gewohntes?
7. Was hilft dir dabei, dich an ein neues Gerät zu gewöhnen? Ist dieses Muster auf andere Veränderungen übertragbar?
8. Wer sind deine Unterstützer?
9. Wann hast du dich das letzte Mal mutig verhalten?
10. Was hat dir geholfen, diesen Mut aufzubringen?
11. Stellst du das Bewährte mit deinem Team gemeinsam infrage?
12. Was fehlt dir, um Traditionen und eingefahrene Gewohnheiten in eurer Arbeitsweise zu hinterfragen?
13. In welchen Situationen neigst du dazu, dich für die »bequeme« Lösung zu entscheiden?
14. Inwiefern lädst du deine Mitarbeiter durch dein Verhalten dazu ein, mutig zu sein?
15. Welche Sicherheiten kannst du deinen Mitarbeitern bieten?
16. Wie könntest du veränderungsscheue Mitarbeiter zu mehr Experimentierfreude animieren?

4. KAPITEL

Welcome future! Die neue Vielfalt in der Führung

Viele Führungskräfte sind am Limit. Welcher Führungsstil angesichts des permanenten Wandels ist der erfolgversprechendste? Je komplexer die Welt wird, desto mehrschichtiger wird auch die Führung der Zukunft. Doch die neue Vielfalt beinhaltet auch Riesenchancen für positive Veränderungen – vom »Unbossing« bis zur »Unternehmens-Demokratie«. Hierarchische Strukturen weichen auf und schaffen einer kollektiven Intelligenz Raum. Gleichzeitig wird Führung kreativer und bietet der Führungskraft neue persönliche Entfaltungsmöglichkeiten.

In regelmäßigen Abständen organisiert unser Institut Veranstaltungen mit interessanten Persönlichkeiten aus der Wirtschaft. Beim zweiten Roundtable 2019 in Frankfurt ging es um das Thema Agilität und welche neuen Aufgaben, Rollen und Beziehungen damit im Unternehmen verbunden sind. Als Redner war unter anderem auch ein Mitglied der Geschäftsführung der Haufe-umantis AG in St. Gallen eingeladen. Der Manager beendete seinen Vortrag mit einer Bitte: »Drücken Sie mir die Daumen! In Kürze ist es wieder so weit: Meine Wiederwahl als Geschäftsführungsmitglied steht an, und ich würde die Rolle gerne fortführen!«

Da staunte mancher Zuhörer nicht schlecht. Ein Chef, der gewählt wird? So etwas gibt es heute also auch schon? Ja, gibt es: Einige Unternehmen praktizieren heute bereits eine neue Dimension von Augenhöhe: Führung als Demokratie unter Einbeziehung aller Mitarbeiter.

Die Haufe Gruppe mit Sitz in Freiburg ging aus dem Haufe Verlag hervor. Als praktisch alle Medienunternehmen sich im Morgengrauen des digitalen Zeitalters neu erfinden mussten, avancierte Haufe-umantis binnen vergleichsweise kurzer Zeit zum Vorzeigeunternehmen. Die klassischen Bereiche des Verlagsgeschäfts wurden sukzessive zurückgefahren. Heute ist das Unternehmen mit umfangreichen Aus- und Weiterbildungsprodukten sowie digitalen Arbeitsplatzlösungen und Dienstleistungen schwerpunktmäßig an ganz neuen Märkten aktiv. Mittlerweile berät Haufe sogar renommierte Konzerne wie Daimler, Nike und Zeiss. Dem Unternehmen geht es nach seiner radikalen Neupositionierung besser denn je. Mit dieser Umstellung des Geschäftsmodells ging auch eine radikale Kulturänderung einher.

Der Auslöser für all das, erinnert sich der ebenfalls demokratisch gewählte CEO Marc Stoffel, war vor sechs Jahren eine Diskussion bei einem Bier. Die Idee, das Unternehmen zu einer »Wahldemokratie« umzubauen, kam ihm abends in lockerer Runde mit Kollegen und Wegbegleitern. Danach wurde nicht lange gefackelt: Die ganze Belegschaft wurde zu einer Präsentation geladen. Nach der 60-minütigen Präsentation von Marc Stoffel baten seine Mitarbeiter ihn um Zeit, damit sie das Gehörte in seiner Abwesenheit in Ruhe diskutieren könnten. Nach zweistündiger Diskussion war die Umstrukturierung beschlossene Sache. Ob er in diesen zwei Stunden nervös war? Allerdings, räumt Marc Stoffel ein. Doch als er von den Mitarbeitern zum CEO gewählt wurde, sei das ein tolles Gefühl gewesen. »Es stärkte mir mächtig den Rücken, mein Vorhaben in die Tat umzusetzen.«[1] Das Signal der Mitarbeiter war eindeutig: Wir glauben an dich und deine Ideen!

> **»Influencer Leadership® klappt nicht mit Druck, das geht nur ganz unaufgeregt. Durch Druck bewegt man keine Menschen.«**

Natürlich, auch das muss erwähnt werden, gab es Kollegen, die mit der neuen Kultur nicht zurechtkamen und gingen oder nicht wiedergewählt wurden. Dazu gehört zum Beispiel Hermann Arnold, der zuvor zehn Jahre lang zur Geschäftsführung gehört hatte. Viele andere an seiner Stelle hätten ihren Job hingeschmissen und wären Hals über Kopf getürmt. Nicht so Hermann Arnold: Er betrachtet die Situation als neue Chance, als Herausforderung. Er habe viel daraus für sich selbst gelernt, sagt er, und will es bei der nächsten Wahl wieder schaffen.[2]

Respekt! Eine gesunde Einstellung in einer Zeit, in der wir uns an den Trend zur Demokratisierung, an neue Strukturen und ungeahnte Karrierewege werden gewöhnen müssen, auch wenn es manchem schwerfallen mag. Denn anders werden wir, werden unsere Unternehmen die wachsende Komplexität nicht beherrschen können.

Die Führungskraft als Vorbild: Digitalisierung funktioniert nur top-down

Beim Stichwort »Digitalisierung«, der größten Transformation aller Zeiten, denken die meisten Unternehmenslenker nach wie vor zu sehr in Modellen, Technologien, Prozessen und Produkten. Diese Herangehensweise halte ich für komplett falsch! Die digitale Transformation in der Umsetzung ist erst der zweite Schritt. Davor kommt ein sehr wichtiger erster Schritt: den Menschen im Unternehmen Lust zu machen auf die Digitalisierung. Es gilt die Menschen anzustecken, damit alle begeistert und regelrecht »heiß« darauf sind, ihr Unternehmen für den digitalen Wandel fit zu machen und dabei zu begleiten.

Und das in doppelter Hinsicht: Zum einen müssen Unternehmen und ihre Produkte oder Dienstleistungen auf die zukünftigen Lebensgewohnheiten und Bedürfnisse ihrer Kunden zugeschnitten und eingestellt werden, zum anderen müssen die Mitarbeiter verstehen, dass Veränderungsprojekte nur funktionieren, wenn sie selbst die Konsequenzen der Digitalisierung verstehen und erkennen, dass es ohne ihre individuelle Mitarbeit nicht geht. Jedes Unternehmen ist ein lebendiger Organismus, der aus unterschiedlichsten Individuen besteht – Menschen. Der Faktor Mensch, da müssen wir realistisch sein, ist immer Chance und Hürde zugleich. Wer es als Chef versteht, seine Mitarbeiter abzuholen und so den ganzen Organismus auf die nächste Evolutionsstufe zu heben – der ist ein wahrer Influencer!

Aus dieser Erkenntnis ergibt sich auch, wie es garantiert nicht funktioniert: Wenn die Menschen bei der digitalen Transformation nur als Mittel zum Zweck gesehen werden, ist die Weiterentwicklung des jeweiligen Unternehmens zum Scheitern verurteilt. Der Mitarbeiter ist das Zünglein an der Waage, ob das Unternehmen den digitalen Wandel schafft oder nicht. Strikte innerliche Ablehnung und Angst vor Veränderungen sind die häufigsten, wenngleich oft auch verborgenen Gründe, wenn Change-Prozesse scheitern. »People first« ist die oberste Change-Regel – dagegen verblassen alle anderen.

Die zweite Change-Regel ist, dass jede Veränderung top-down gelebt werden muss. Dieses Drama habe ich oft erlebt: Bei Veranstaltungen, bei denen die digitale Transformation als Projekt mitreißend vorbereitet und motiviert werden soll, sagen Vorstände notgedrungen zwei, drei Worte und machen sich schnell wieder aus dem Staub. Der Vorsitzende sagt kurzfristig vorher ab, denn er hat etwas Wichtigeres vor: Bei einer lokalen Kulturveranstaltung lässt er sich einen belanglosen Orden verleihen und schwingt eine Rede vor der versammelten Lokalpresse, in der er sich für das kulturelle Engagement seines Unternehmens rühmt.

»Wir müssen den Nerv der Menschen treffen und sie berühren, und das geht nur, wenn wir glaubwürdig und empathisch sind.«

So funktionieren Wandel, Motivation und Mitarbeiterbindung *nicht*.

Jedem Mitarbeiter, der am nächsten Tag den Beitrag in der Lokalzeitung liest, wird schnell klar, welche Prioritäten bei seiner Führung gesetzt werden und welche Relevanz der digitale

Wandel »ganz oben« hat. Wie fühlt er sich wohl? Verschaukelt! Wie soll ihn dieses Verhalten motivieren, Gas zu geben, um den Change-Prozess im Unternehmen voranzutreiben?

Wer diesen Aspekt ausblendet und meint, digitale Transformation von oben herab einfach »verordnen« zu können wie ein Arzt ein Medikament, ist gewaltig im Irrtum. Die Führungsspitze ist die Seele des Unternehmens. Dort wird die Kultur vorgelebt und spiegelt sich im Rest des Unternehmens – oder eben nicht. Dort beginnt auch Augenhöhe – oder nicht. Sieh dich einmal in deinem Unternehmen um: Welche Haltung zum Menschen selbst und zum digitalen Wandel herrscht dort, und wie wird sie gelebt?! Ist in deinem Umfeld eine Lust auf Digitalisierung zu spüren? Wenn nicht, ist das noch kein Grund zur Panik: Du befindest dich in guter Gesellschaft. Bei vielen Digitalisierungsthemen herrscht bisher noch in weiten Teilen der Unternehmenslandschaft große Skepsis.

Die Führungskraft als Innovator: KI ist für den Menschen da

Greifen wir nur ein Stichwort heraus: die Künstliche Intelligenz (KI). Im Sommer 2019 führten wir eine Onlineumfrage durch, die erschreckende Erkenntnisse zutage förderte: Nicht einmal die Hälfte (45 Prozent) der Befragten glaubt, dass die Anwendung von KI den Unternehmen mehr Vor- als Nachteile bringt. Bei der Frage, inwiefern die Führungskraft selbst davon profitieren könnte, zeigt sich ein noch erschreckenderes Bild: Nur etwa ein Drittel (31 Prozent) ist der Meinung, dass Führungskräfte überproportional von KI profitieren könnten. Bezogen auf konkrete Unternehmensentscheidungen sind sogar noch nicht mal mehr ein Viertel der Befragten (21 Prozent) der Überzeugung, dass KI als Unterstützung herangezogen werden sollte.[3] Unsere Meinung als Institut dazu: Eine positive Haltung oder das Mindset aller Interessensgruppen ist eines der wichtigsten Elemente, um Unternehmen in der Digitalisierung nach vorn zu bringen. Hier ist deutlicher Nachholbedarf gegeben. Hintergrund für diese negative Haltung könnten das fehlende Know-how und der aktuelle Erfahrungshorizont der Befragten sein. Nur ein Drittel der Befragten hat bisher positive Erfahrungen mit KI gemacht. Wir sprechen hier etwa von Chatbots, Spracherkennung und Bilderkennung.

Kurz: Die Menschen sind nicht neugierig genug! Da ist es nur logisch, dass laut eigener Aussage etwa ein Viertel der Menschen nicht ermessen kann, welchen Einfluss künstliche Intelligenz auf den eigenen Arbeitsbereich hat. Wie sieht es bei dir aus?

Die Unkenntnis der Zusammenhänge und fehlendes technisches Verständnis, was es mit Künstlicher Intelligenz auf sich hat, führen dazu, dass man sich gar nicht erst mit dem Thema auseinandersetzt und deshalb auch nicht einschätzen kann, wie man selbst oder das eigene Team in Zukunft davon profitieren kann. Das ist bedauerlich und auch riskant. Denn es ist tatsächlich so, dass die Künstliche Intelligenz (KI) nicht nur unsere Arbeit, sondern auch die Aufgabenverteilung verändern wird. Das Wesentliche dabei ist, dass sie menschliche Fähigkeiten nicht ersetzen, sondern eher verbessern und ergänzen wird. Manche Sorge, die auf den einen oder anderen vielleicht abschreckend wirken mag, ist also gar nicht begründet.

Es stimmt, dass viele Unternehmen KI bisher dazu nutzten, Prozesse zu automatisieren. Doch die Firmen, die sie ausschließlich hierfür nutzen, die menschliche Arbeitskraft zu ersetzen, werden nur kurzfristige Produktivitätszuwächse verzeichnen. Neuere Erkenntnisse zeigen, dass es dann erst deutliche Leistungszuwächse gibt, wenn Menschen und Technik zusammenarbeiten.

Erst die Kooperation Mensch und Maschine erlaubt es uns, unsere jeweilige Stärke optimal einzusetzen. Dazu gehören nicht nur die Fähigkeiten in Bezug auf Führung von Menschen, sondern auch die Teamarbeit, die Kreativität und die sozialen Fähigkeiten. Nur wenn Künstliche Intelligenz so eingesetzt wird, dass sie menschliche Kompetenzen und Stärken unterstützt, statt sie zu ersetzen, ist KI nachhaltig sinnvoll. Das setzt natürlich voraus, dass Menschen Maschinen trainieren, die Ergebnisse interpretieren und sicherstellen müssen, dass das machtvolle Werkzeug Künstliche Intelligenz verantwortungsbewusst genutzt wird. Im besten Fall ist KI wie ein Mitarbeiter, der die menschlichen Kollegen unterstützt: in ihren kognitiven Fähigkeiten und in ihrer Kreativität. Er übernimmt Standardaufgaben und erweitert zugleich die Grenzen des Machbaren.

Bitte versteh mich richtig: Ich bin keineswegs eine blinde Verfechterin der Künstlichen Intelligenz. Es geht mir um die fortschrittsskeptische Haltung, die im Umgang mit dem Thema erkennbar wird. Sie erinnert mich stark an die Zeit, in der Experten dafür verurteilt wurden, dass sie die Erde als Kugel statt als Scheibe erkannten und diese Erkenntnis auch zu verbreiten suchten. Auch die Transformation von der Pferdekutsche zum Automobil haben wir überstanden, wir sind immer noch da. Ähnlich ist es mit dem digitalen Wandel: Erst wenn wir beginnen, die Veränderung anzunehmen und auszuprobieren, macht sie uns allen auch Spaß – und der macht Mut für mehr!

Um die Digitalisierung voranzutreiben, ist es zunächst erforderlich, dass wir uns im eigenen Kontext damit auseinandersetzen. An welchen Stellen bringt »mehr digital« uns tatsächlich etwas?

Das Topmanagement übernimmt dabei die Rolle des Motivators und Steuermanns. Natürlich wird jeder einzelnen Führungskraft dabei enorme Verantwortung zuteil: Sie muss sich mit den digitalen Trends auseinandersetzen, muss die Mitarbeiter motivieren und nach allen Kräften unterstützen. Verfügt sie nicht über ausreichend Wissen dafür, weil sie sich selbst dem Thema verweigert, kann sie Menschen auch nicht dafür begeistern. Woher sollen die Innovationen kommen, wenn niemand sie anstößt? Die Kooperation von Mensch und Maschine kann uns nur einen Mehrwert bringen, wenn wir sie aktiv mitgestalten.

Die Führungskraft als Multitalent:
Aus Mitarbeitern werden Mitunternehmer

Jede Zeit hat ihre Helden. Die digitale Ära in den Unternehmen nennt ihren »CDO«.

Laut Definition ist der Chief Digital Officer für Entwicklung und Umsetzung der Digitalstrategie zuständig. Er hat die Aufgabe, das Unternehmen in und durch die digitale Transformation zu führen. Nicht nur, dass es sich hier um die ranghöchste digitale Führungskraft im Unternehmen handelt; in ihr manifestiert und personifiziert sich die ganze digitale Transformation. Er ist der Wächter der transformationalen Prozesse. Weil er als Grenzgänger zwischen Marketing, Technologie und Mensch agiert, kann man ihn schlicht als Multitalent bezeichnen.

Um seiner Rolle gerecht zu werden, muss er vor allem eines sein: Netzwerker. Er streckt seine Fühler sowohl nach außen aus, um die neuesten Entwicklungen und interessante Partner aufzuspüren, als auch nach innen, um jeden Einzelnen auf der Reise in die digitale Zukunft mitzunehmen. Das bedingt, dass er nicht nur ein Experte im Erstellen digitaler Businessmodelle sein und über betriebswirtschaftliches Know-how verfügen sollte; auch ein hohes Maß an Leadership-Qualität und Change-Kompetenz als Manager ist für diesen Posten unerlässlich.

Ein Paradebeispiel für einen solchen CDO ist Michael Nilles, heute CDIO (Chief Digital & Information Officer) bei Henkel. Als eine Art Superstar unter den CDOs hat er vorher den digitalen Wandel aller Geschäftsprozesse im Unternehmen Schindler, einem Aufzug- und Rolltreppenhersteller, überwacht und vorangetrieben. Das hat er mit so großem Erfolg getan, dass sein Name seither als Synonym für erfolgreiche Chief Digital Officers genannt wird. Es ist ihm gelungen, bei Schindler alle Bereiche zu einem Bestandteil der internen digitalen Revolution zu machen – bis hin zu den Mechanikern, die voll vernetzt zu ihren Wartungseinsätzen aufbrechen und per digitaler Infrastruktur gleich an Ort und Stelle Ersatzteile ordern und binnen kürzester Zeit effektiv helfen können. Solide Handwerkskompetenz, technische Erfahrung und maximale digitale Unterstützung der menschlichen Fertigkeiten: Bei Schindler sind das keineswegs Gegensätze, sondern Assets, die sich ideal ergänzen.[4]

> **»Nur wenn sich deine Leute wohlfühlen, kannst du Spitzenleistung erwarten.«**

Was ist das Geheimnis von Michael Nilles? Michael Nilles war bewusst, dass es nicht ausreichen würde, Ziele zu setzen und deren Umsetzung zu überwachen. Sein Erfolgsrezept besteht in der Kombination von fundierten Fachkenntnissen, Erfahrung auf der Führungsebene sowie im operativen Geschäft, einem hohen Maß an Flexibilität und Innovationsgeist sowie ausgeprägter Sozialkompetenz. Die Digitalisierung ist eine Veränderung, die alle Personen und Bereiche eines Unternehmens betrifft. Deshalb ist es auch unerlässlich, dass jeder an der Veränderung teilhat.

Wenn du schnell und zuverlässig voraussagen kannst, welche Entwicklung sich wie auf deine Branche und dein Unternehmen auswirkt und welche Chancen darin für dich, deine Mitarbeiter und deine Kunden stecken, hast du als CDO die Nase vorn – und kannst als Influencer positiv gestaltend auf das kollektive Mastermind in deinem Team einwirken.

Letztendlich erwarte ich von jeder Führungskraft, dass er oder sie ein CDO ist – bezogen auf ihren oder seinen Verantwortungsbereich. Sie muss sich als Unternehmer für ihren Bereich verstehen, auch weil noch zu wenige Unternehmen tatsächlich über einen CDO verfügen. Gerade einmal 40 Prozent der DAX-Unternehmen haben diese Funktion eingeführt und besetzt; im Mittelstand sind es etwa 4 Prozent.[5]

Deine Mitarbeiter erkennen an deinem Engagement, wie du dich mit den digitalen Möglichkeiten auseinandersetzt. Geh nicht davon aus, dass du deine Mitarbeiter begeistern kannst, wenn sich dein Enthusiasmus in Grenzen hält. Begeisterung kann nur durch eigenes Interesse befeuert werden; wir Menschen haben hierfür ein feines Gespür. Wenn du selbst nicht auf dem neuesten Stand bist, aber technikaffine Mitarbeiter hast, lass dir von ihnen die neuesten Trends erklären. Auch das ist eine Form von Engagement.

Mit dem gleichen Enthusiasmus solltest du vorleben, dass jeder einzelne Mitarbeiter für dich einen hohen Stellenwert besitzt. Jedes Unternehmen hat eine andere Kultur, weil es von anderen Menschen geprägt wird. Um die digitale Transformation erfolgreich bewältigen zu können, müssen Unternehmen bei ihren Mitarbeitern Verständnis und Bereitschaft für den Wandel, aber auch Lust auf Veränderung wecken. Aus Betroffenen müssen Beteiligte werden!

Um das volle Kompetenzpotenzial abzuschöpfen, das mir als Führendem für die digitalen Herausforderungen zur Verfügung steht, muss ich an jede Idee in den Köpfen meiner Mitarbeiter herankommen. Wir müssen gemeinsam brainstormen: Wer ist der zukünftige Kunde und wie tickt er? Wie wird er auf unsere Produkte aufmerksam? Auf welche Weise, durch welche Reize trifft er seine Entscheidungen? Mit welchen Mitteln können wir unser Produkt exakt auf den Kunden der Zukunft zuschneiden? Mit einer offenen Diskussionskultur schaffst du ideale Rahmenbedingungen, damit dein Team selbstbestimmt Ziele realisieren kann. Dieser Führungsstil steht für Erfolg oder Misserfolg des digitalen Wandels im Unternehmen.

Kurz: Der Führungsstil der erfolgreichen CDOs ist geprägt von Hierarchielosigkeit, Flexibilität, Kreativität sowie Innovationsgeist – ohne die klassischen Leadership-Tugenden wie Integrität, Verlässlichkeit und ein hohes Maß an Verantwortungsbewusstsein zu vernachlässigen.

Kürzlich hielt ich einen Vortrag vor einer Gruppe von Führungskräften aus der Kinderausstatter-Branche. Dort regte ich an, mit den Wissensträgern im Unternehmen in den Dialog zu gehen: So könnte man auch mal einen Azubi fragen, was er intern anders machen würde. Außerdem könnte er sich im Freundeskreis umhören, wo seine jungen Bekannten sich über Produkte wie Kinderwagen informierten: Geht das heute schon über Instagram? Achten sie darauf, welcher Kinderwagen (zum Beispiel auch bei Promis) gerade angesagt ist? Gibt es womöglich Influencer, die sich zu genau diesem Thema positioniert haben? Wie fallen die Kaufentscheidungen? Gehen die jungen Leute in eine Filiale und lassen sich zusätzlich beraten? Kaufen sie vielleicht lieber direkt online, weil sie von einem Influencer direkt mit einem Kauflink versorgt worden sind?

Wenn tatsächlich Instagram als Informations- und Entscheidungskanal für gewisse Branchen und Zielgruppen entdeckt wird, das Unternehmen bisher dort allerdings noch nicht aktiv war, muss die Social-Media-Strategie zwingend angepasst werden – oder, nicht selten, erst einmal eine aufgestellt werden. Auf dieselbe Weise gibt es unzählige Aspekte im und um das Kerngeschäft herum, die erst gemeinsam mit dem Team entdeckt und dann auch in frische Ideen umgesetzt werden können. Schließlich ist jeder Mitarbeiter Experte – und jeder auf eine andere Weise. Diese Brainstormings können wegweisend für den zukünftigen Erfolg des Unternehmens sein. Sie schaffen nicht nur einen riesigen Mehrwert, sondern sparen oft auch so manchen externen Unternehmensberater ein – von der Motivation, die daraus erwächst, ganz zu schweigen. Teilhabe ist der beste Weg, um Mitarbeiter zu Mitunternehmern zu machen!

So geschehen auch bei dem Beratungsunternehmen tempus in der südschwäbischen Alb. Dem Eigentümer Professor Dr. Jörg Knoblauch kam zu Ohren, dass sich seine Mitarbeiter als lästiges Übel fühlten – sie hatten nicht das Gefühl, dass sie persönlich für das Unternehmen einen Mehrwert darstellten. Geschockt über die Erkenntnis, formierte der Eigentümer sein Unternehmen massiv um: Nicht nur änderte er insgesamt viermal sein Geschäftsmodell, bis die Positionierung im Einklang mit allen Potenzialen, Markterfordernissen und Kundenbedürfnissen stand. Er ging sogar so weit, dass er jeden Mitarbeiter persönlich am Unternehmen beteiligte. Die Folge ist, dass jeder der Angestellten sich selbst als Unternehmer versteht, der andere Unternehmer aus dem Mittelstand berät.[6]

Die Führungskraft als Corporate Influencer: Reputation ist alles

Wir alle hinterlassen durch unsere Nutzung von sozialen Medien und neuen Kommunikationskanälen heute »digitale Fußspuren«. Wenn ich als Chef – egal auf welcher Hierarchiestufe – im Netz unterwegs bin und Botschaften sende, sollte ich mir darüber bewusst sein, welche Signale ich verbreite. Wie könnte dein Verhalten als Absender auf deine Reputation als Führungskraft einzahlen – oder dir umgekehrt schaden? Wer online sichtbar ist, setzt sich damit automatisch auch der allgegenwärtigen Bewertungskultur aus – mindestens theoretisch. Reputationsmanagement gehört für Führende heute deshalb zum Pflichtprogramm – und zwar nicht nur als Markenbotschafter für das Unternehmen, sondern auch für die eigene Person und Positionierung.

Das Netz ist sozusagen ein Spiegel unserer Reputation. Vielen ist bei Weitem nicht in vollem Umfang bewusst, was das bedeutet. So habe ich kürzlich vor Anwälten ein Seminar zum Thema Netzwerken 2.0 gehalten und mir im Vorfeld die digitalen Fußspuren meiner Teilnehmer angesehen. Einer hatte mich bei dieser Vorab-Recherche überrascht: Ich fand ihn zwar nicht mit einem professionellen Profil auf einer der einschlägigen sozialen Plattformen. Dafür wurde ich relativ schnell anderswo fündig und fand heraus, in welchen Nachtclubs er in seiner Freizeit verkehrte. War das seinerseits gewollt? Sicher nicht. An diesem Beispiel wird deutlich, wie wenig Bewusstsein bei den Nutzern digitaler Medien oft darüber vorhanden ist, welche Informationen sie im Netz streuen – und zwar ganz unabhängig von der jeweiligen Ausbildung oder Position.

> **»Augenhöhe mit anderen ist eng verbunden mit Empathie und Loyalität.«**

Führe dir vor Augen: Du musst damit rechnen, dass Mitarbeiter, Partner und Kunden jede deiner digitalen Fußspuren finden könnten und es in irgendeiner Weise bewerten. Zahlen deine Spuren auf deine Reputation ein oder tun sie möglicherweise genau das Gegenteil? Es gibt keinen Grund, paranoid zu werden – es geht darum, sich des Themas bewusst zu sein.

Die digitalen Profis zeigen, wie es geht: Jede Aktivität und jedes Signal eines professionellen Influencers ist geplant und zahlt auf die Positionierung, das Image und die konkreten Ziele ein. Wenn wir uns als Influencer im Unternehmen verstehen, die das Handeln anderer beeinflussen, ist es wichtig, das eigene Reputationsmanagement bewusst zu betreiben. Die meisten Führenden sind das nicht gewöhnt: Früher konnte der Chef schließlich tun und lassen, was er wollte. Man musste schon einiges falsch machen, um sich als Person angreifbar zu machen. Aber wie bereits Thomas J. Watson, der Mitbegründer von IBM, sagte: »Think!«[7] Denk zuerst über das nach, was du erreichen willst. Dieser Imperativ, den er bereits 1922 prägte, hielt sich über Jahrzehnte lebendig und fand sich gar als Marke auf den IBM-Laptops namens *ThinkPad* wieder, die es unter anderer Firmierung noch heute gibt.

> **»Ganz wichtig ist, dass ich mich nicht nur frage, *wie* ich etwas mache, sondern auch, *warum*. Hier liegt der Schlüssel zur eigenen Glaubwürdigkeit.«**

Influencer achten exakt auf die Spuren, die sie hinterlassen, und darauf, welche Wirkung sie damit hervorrufen. Das erfordert ein großes Fingerspitzengefühl für ihre Follower. Je besser sie sich in ihre Zielgruppe hineinversetzen können, desto wirkungsvoller können sie agieren. Sie haben deshalb gar keine andere Wahl, als sich öffentlich zu machen, stetige Präsenz zu zeigen und sich auch ohne Scheu bewerten zu lassen. Follower und Likes sind im digitalen Zeitalter eine Währung; an ihnen bemisst sich der »Wert« eines Influencers. Im Businessleben passiert ein Like auf anderen Wegen und oft nicht zwingend visuell oder verbal durch entsprechende Gesten. Vielfach findet es nur im Kopf deines Gegenübers statt, überträgt sich dann allerdings in sein Verhalten. Dein Ziel als Influencer ist es, das Commitment der Menschen zu bekommen, die dein Team bereichern und nach vorn bringen. Die Voraussetzung dafür ist, dass du als Vorgesetzter ständig präsent bist und kommunizierst.

Inzwischen gibt es für Menschen, die sich dieser Aufgabe in besonderem Maße stellvertretend für ihr ganzes Unternehmen annehmen, sogar einen Begriff: Corporate Influencer. Einige Unternehmen reagieren mit der Schaffung solcher Rollen darauf, dass Menschen eher Menschen vertrauen als abstrakten Marken. Wenn ein Unternehmen Informationen sendet, wird dies zumeist als Werbung wahrgenommen. Wenn mir allerdings eine Person, der ich vertrauen kann und die ich schon länger kenne, das Gleiche erzählt, nehme ich es als Empfehlung war. Das Influencerprinzip funktioniert also branchen-, unternehmens- und personenübergreifend – wenn man es bewusst einsetzt.

So hat das mittelständische Versicherungsunternehmen LV 1871 ein Programm ins Leben gerufen, das dazu dient, die eigene Unternehmenskommunikation auf ein neues Level zu heben. In diesem Corporate-Influencer-Programm werden Experten und Expertinnen aus unterschiedlichsten Unternehmensbereichen ausgebildet, die nicht nur auf ihren Social-Media-Kanälen, sondern auch offline, etwa in Vorträgen, über ihren Arbeitsalltag und ihre Fachexpertise erzählen. Auf diese Weise wird die Kommunikationsarbeit des Unternehmens auf mehrere Schultern verteilt. Die Mitarbeiter werden hierfür extra geschult. Durch das Programm ist sichergestellt, dass jeder, der mit einer gewissen Breite kommuniziert, auch weiß, was er tut. Das Programm ist nicht nur gut für die Sichtbarkeit des Unternehmens, wie man meinen könnte. Es hat auch noch einen anderen Effekt: Es baut intern Ängste ab. Schließlich handelte es sich bei Kommunikationsthemen in der Vergangenheit oft um »Hoheitsaufgaben« hoher Führungskräfte. Das Programm gibt den Influencern die erforderliche Sicherheit im Umgang mit den Empfängern und den unterschiedlichen Kanälen. Durch dieses Programm ist sichergestellt, dass die LV 1871 als Unternehmen persönlicher wird – ein Unternehmen zum Anfassen sozusagen.

Dadurch, dass das Programm freiwillig ist, soll sichergestellt sein, dass alle Lust haben, dabei zu sein. Und es versteht sich von selbst, dass die teilnehmenden Führungskräfte dabei eine wichtige Vorbildfunktion übernehmen.

So geht die Unternehmensleitung, allen voran Vorstandsmitglied Hermann Schrögenauer, mit gutem Beispiel voran. Er ist persönlich auf allen Social-Media-Kanälen aktiv, und seine Kollegen folgen dem Beispiel des Vertriebsvorstands. Das hilft nicht nur allen Mitarbeitern, ein besseres Verständnis für die Unternehmenskultur zu entwickeln; es macht die LV 1871 auch wesentlich attraktiver für potenzielle Bewerberinnen und Bewerber, vor allem unter den Digital Natives. Für die Koordination der Kommunikation hat das Unternehmen eine sogenannte »Social Wall« aufgebaut, auf der alle Aktivitäten zusammenlaufen. Dort kann man sich jederzeit informieren: intern auf Monitoren, extern über das Internet.[8]

Das Beispiel zeigt: Influencer kann man lernen! Jedenfalls dann, wenn die Unternehmensspitze die offene Kommunikation aktiv fördert und mit gutem Beispiel vorangeht.

Die Führungskraft schafft sich ab: Der Trend zum Unbossing

Der Begriff »Unbossing« geht auf ein Buch der dänischen Autoren Lars Kolind und Jacob Bøtter mit dem Titel *Unboss* zurück.[9] Mit ihrem Nicht-Chef-Konzept wollten die beiden Gründer das vor 100 Jahren eingeführte tayloristische Produktionsprinzip ablösen – und zwar schon 2012. Was hat es mit diesem Trend auf sich, und was wollen die Verfechter des Chef-freien Unternehmens eigentlich erreichen?

Am Anfang dieses Gedankens steht die Sehnsucht nach einem Modell für den Umgang mit der neuen Welt. Sosehr wir es uns auch wünschen mögen: Es gibt nach wie vor nicht die eine richtige Unternehmenskultur oder den einen richtigen Führungsstil, der alle glücklich und die Digitalisierung zum Kinderspiel macht. Klar ist auch, dass jedes Unternehmen über eine andere Ausgangssituation verfügt. Die Historie ist in jeder Firma eine andere, jeder Vorgesetzte und jeder Mitarbeiter besitzt eine andere Persönlichkeit. Mein Anliegen mit diesem Buch ist es, Trends und Beispiele aus dem Markt aufzuzeigen, die dich zum Nachdenken anregen und zum Ausprobieren inspirieren sollen. Letztlich sind wir alle auf ein gewisses Maß an Experimentierbereitschaft angewiesen: Es gibt keine Standardmethode, die als Allheilmittel für jedes Unternehmen wirken könnte.

Eines allerdings kann als sicher gelten: Alte Führungsstile, die starr hierarchischem Denken verhaftet sind, passen nicht zur Notwendigkeit, flexibel auf die Anforderungen digitaler Märkte und sich ständig verändernder Kundenbedürfnisse reagieren zu müssen.

Was meine ich damit? Eine Organisationsstruktur, in der Hierarchien die Handlungsoptionen vorgeben und Entscheidungen nur von oben nach unten gefällt werden können, ist der Zukunft nicht gewachsen. Deshalb üben sich immer mehr Unternehmen in einem neuen Führungsstil namens Holokratie. Er ermöglicht dynamisches Reagieren auf geänderte Bedingungen oder Anforderungen.

Der Ansatz wird von drei zentralen Prinzipien getragen: von Selbstorganisation, agilen Methoden und kollektiver Intelligenz. Holokratie wendet sich vom alten System einseitiger Weisungsbefugnisse ab und verteilt die Verantwortung auf viele Schultern. Das führt dazu, dass die Mitarbeiter viel stärker miteinbezogen werden. Jeder wird ermutigt, Entscheidungen zu treffen; ein Stück weit wird also jeder zum Unternehmer. Es entsteht Transparenz, wo früher hierarchische Barrieren waren – sowohl in der Kommunikation als auch im operativen Vorgehen. Was für manchen, der nur in klassischen Unternehmensstrukturen gearbeitet hat, zunächst nach Chaos klingen mag, folgt aber dennoch klaren Regeln. Die Mitarbeiter sind nur nicht mehr wie früher im Sinne einer Führungsaufgabe, einer Funktion oder einer Abteilung zuständig und verantwortlich, sondern nehmen verschiedene Rollen ein.

Führen ohne Chef – so ließe sich das Prinzip der Holokratie verkürzt beschreiben. Ein Wunschtraum, ein großes Experiment? Kann das tatsächlich funktionieren, oder wird es zwangsläufig im Chaos münden?

Ein erfolgreiches Beispiel aus der in weiten Teilen noch sehr klassisch aufgebauten Healthcare-Branche ist das Pharma-Unternehmen Novartis.[10] Hier bilden Eigenverantwortung und selbstbestimmtes Arbeiten im Team die Säulen der Zusammenarbeit, um den voranschreitenden Kulturwandel im Unternehmen zu verwirklichen. Das interne Motto dieses Veränderungsprozesses: »Inspired, Curious, Unbossed«.

Gerade dieses »Unbossed« ist ein Trend, der einige Wellen schlägt. Vielen, darunter auch Sandoz, gilt der Verzicht auf klassische Führungsrollen als notwendige Voraussetzung für agiles Arbeiten. Nicht nur wird auf diese Weise jeder einzelne Mitarbeiter befähigt und unterstützt, seine Möglichkeiten ungehindert auszuschöpfen – vielmehr werden gleichzeitig auch klare Verantwortlichkeiten geschaffen, wo früher eine starre »Befehlskette« war.

> »Auch der Führungskraft als Influencer gehen Follower verloren, wenn sie nicht lebt, was sie sagt.«

Joy Jinghui Xu, Global Head Human Resources bei Sandoz, ist der Meinung, dass es viele Beispiele von Unternehmen gibt, die nicht in der Lage gewesen sind, in die Zukunft zu denken. Zukunftsfähig würden Unternehmen, die großer Unsicherheit ausgesetzt sind, nur durch eine starke Kultur. Sie zeigt sich darin, dass die zentralen Werte von allen Beschäftigten getragen werden und diese ihre Meinung und Expertise einbringen könnten. Sandoz habe bereits eine starke Kultur, so Xu. Doch die Agilität, die notwendig sei, um nachhaltig zukunftsfähig zu sein, könne sich durch die Kultur-Initiative stärker entfalten. Das erfordere von allen Beschäftigten eine positive Einstellung zu ihrem persönlichen Wachstum. Sie sollen die Bereitschaft mitbringen, in Teams weitgehend selbstorganisiert zu lernen.[11] Auch die Führungskräfte müssen ganz neu denken: Sie verlieren ihre klassische Funktion als

Chefs und werden zu Coaches und Mentoren ihrer Mitarbeiter. Das bedeutet, sie ordnen nicht an, sondern schaffen Vertrauen. Dazu gehört, dass sie einen verlässlichen Rahmen für die Teamarbeit zur Verfügung stellen und immer wieder Feedback geben. Dadurch werden Mitarbeiter stückweise selbstständiger und werden sich ihrer eigenen Fähigkeiten und Verhaltensweisen bewusst.

Der Begründer der Holokratie, Brian Robertson, vergleicht seinen Ansatz mit einem Körper; alle Organe agieren miteinander und trotzdem ist jedes Organ für sich mit eigenen Funktionen betraut. Das Holokratie-Konzept ist noch nicht weit verbreitet – nicht zuletzt, weil es viele Kritiker hat. Sie bemängeln, dass es eher für kleinere Unternehmen geeignet sei, weil nicht jeder mit so viel Entscheidungsfreiheit umgehen kann. Dagegen spricht, dass (relativ) große Unternehmen wie Haufe, Novartis oder Sandoz offenbar große Erfolge damit erzielen. Weitere bekannte Beispiele von Unternehmen, die diesen Ansatz umsetzen, sind in Deutschland etwa Blinkist[12] (ein Start-up, das sich auf die Zusammenfassung von Sachbuchtexten spezialisiert hat, die es per App zugänglich macht), Soulbottles[13] (ein Berliner Öko-Start-up, das plastikfreie Glasflaschen produziert), aber auch die Deutsche Bahn, die in ausgewählten Bereichen mit Holokratie experimentiert.

Gerade bei den jüngeren Generationen findet dieser Führungsstil starke Akzeptanz: Sie sind mit der Sharing-Kultur, mit Teilhabe und Prozessen des kollektiven Wissens- und Kompetenzerwerbs aufgewachsen. In dieser Hinsicht können wir uns einiges von ihnen abschauen …

Eine Erkenntnis jedenfalls sollte sich jeder Einzelne von uns klarmachen: Führung ist nicht mehr das, was sie mal war – und das ist gut so. Neulich habe ich mich mit einer Führungskraft aus der Personalentwicklung eines international agierenden Möbelherstellers unterhalten. Sie macht jeden Morgen einen Rundgang durch die Zentrale, wie sie mir berichtete. Das sei wichtig, um den Menschen auf Augenhöhe zu begegnen: Für sie ist die persönliche Präsenz ein Statement, mit dem sie zeigt: »Ich bin eine von euch!«

Sei auch du »Kultur«! Schaffe durch deine Präsenz als Influencer und mit neuen Wegen der Teilhabe die Rahmenbedingungen, damit alle im Unternehmen zum Teil der Bewegung werden, die wir Digitalisierung nennen.

Exkurs: Die Führungskraft als Krisenmanager

Die sogenannte Coronakrise 2020 hat es gezeigt: Krisen sind immer möglich, deren Ausmaße lassen sich selten vorherbestimmen, und die Folgen sind nur schwer absehbar.

Hier stoßen häufig viele Unternehmen an ihre Grenzen, sowohl finanziell als auch im Umgang mit ihren Mitarbeitern. Die Schließung vieler Betriebe und Handelsunternehmen, selbst von Behörden und sozialen Einrichtungen, von Museen und Schwimmbädern, Kinos und Gastronomiebetrieben stellt in dieser Zeit Führungskräfte vor ganz neue, bis dato nicht durchdachte Herausforderungen. Homeoffice, in der Vergangenheit von nur etwa 20 % der Mitarbeiter genutzt, wird zum »State of the Art«. Und Menschen, die bisher z. B. Microsoft Teams oder Skype for Business (Softwarelösungen, die das digitale Zusammenarbeiten ermöglichen und vereinfachen) nur vom Namen her kannten, mussten von heute auf morgen lernen, damit umzugehen. Nur so ist die digitale Zusammenarbeit mit Kollegen und Vorgesetzten möglich. Für Führungskräfte wurde Führen von virtuellen Teams zum Standard.

In solchen Zeiten verschieben sich die Anforderungen an Führungskräfte. Einer Umfrage unseres Institutes im Frühjahr 2020 zufolge wünschten sich Mitarbeiter in erster Linie Führungskräfte, die schnell und richtig entscheiden können, die die richtigen Prioritäten setzen können und die in diesem instabilen Umfeld strukturiert und fokussiert agieren. Und die trotz der Krise Gelassenheit und Zuversicht vermitteln.

Insbesondere jüngere Führungskräfte werden von solchen Anforderungen oftmals überrascht, führten sie doch bislang in einer stabilen, florierenden Wirtschaft und konnten sie ihren

Mitarbeitern eher Coach und Partner auf Augenhöhe sein, mit Paketen an individuellen Weiterbildungsmöglichkeiten und intrinsischen Motivatoren. Als »Manager«, die Top-down-Anweisungen geben müssen, krisenbedingt Kosten einsparen und harte Einschnitte vornehmen, Projekte »auf Eis legen« oder gar kippen, dabei fühlen sich viele moderne Führungskräfte unwohl.

Und doch ist es das, was die Mitarbeiter in solchen Zeiten brauchen: Chefs, die zupacken und so Führungsstärke zeigen, die das Ruder in die Hand nehmen und die Richtung weisen. Hier gilt es für die Führungsriege, Flexibilität zu zeigen – und an ihrer Aufgabe zu wachsen. Dass dabei die Kommunikation auf Augenhöhe beibehalten wird, die Mitarbeiter weiterhin in Entscheidungen einbezogen werden und deren Wohlergehen noch immer im Vordergrund steht, versteht sich von selbst. Ansonsten ist die digitale Zusammenarbeit zum Scheitern verurteilt. Denn gerade beim Führen von virtuellen Teams gilt insbesondere, dass eine der Aufgaben des Chefs, nämlich die Vertrauensbasis im Team zu bilden, zur Hauptaufgabe wird. Er/Sie sollte noch mehr zwischen den Zeilen lesen können, Stimmungen Einzelner auch auf Distanz erkennen, sodass u. U. ein persönliches Telefonat den aufkommenden Konflikt im Vorfeld bereits eliminieren kann. Denn gerade im Homeoffice, wo die Gefahr der Isolation am größten ist, die Mitarbeiter sich schnell »abgeschnitten« fühlen, wird auf die persönliche Beziehung und die einzelnen Signale, die übermittelt werden, noch stärker geachtet.

Fazit: Mitarbeiter wollen wertschätzend behandelt werden

Wie kann ich als Chef verhindern, dass meine Mitarbeiter sich angesichts der Gerüchte über die zukünftige Arbeitswelt und die vielen, manchmal schwer erklärbaren Change-Prozesse irgendwann als »Rädchen im Getriebe« fühlen, die jederzeit ausgetauscht werden können? Darauf gibt es nur eine Antwort: einen permanenten, offenen Dialog auf Augenhöhe. Setz regelmäßige Treffen mit deinen Mitarbeitern auf, bei denen ihr euch über die aktuellen Trends austauscht. Allein das Signal der Einbeziehung, das von dieser Maßnahme ausgeht, wirkt Wunder!

Dazu gehört natürlich auch, dass dein Team sich sicher fühlen muss: Jeder muss wissen, dass sie oder er für die Weiterentwicklung der Abteilung, des Unternehmens gebraucht wird und die Digitalisierung sie oder ihn nicht »den Kopf kostet«. Mach deinem Team deutlich, dass du das Thema Digitalisierung so verstehst, dass der Fortschritt dem Menschen dient und dabei helfen soll, dass künftig jeder noch besser entsprechend seinen Talenten eingesetzt werden kann – Talenten, die Roboter und KI nicht haben. Es geht nicht darum, den Menschen zu ersetzen – es geht vielmehr darum, dass er sich endlich auf die wirklich wichtigen Dinge fokussieren kann.

Bei alldem ist vor allem eines gefragt: Geduld. Ein Kulturwandel braucht mindestens fünf bis sieben Jahre! Ein Tipp, wie es von Anfang an maximal effektiv vorangeht: Sollte dein Unternehmen noch über klassische Strukturen verfügen, starte in der Hierarchie ganz unten. Das ist ein deutliches Signal, dass du deinen Führungsstil änderst. Du wirst überrascht sein, welch wertvolle Blickwinkel und Entscheidungsgrundlagen du gerade an der Basis deines Unternehmens erhältst.

So schaffst du es auf wertschätzende Art, die Menschen nach und nach mitzunehmen und dich in deiner Rolle als Impulsgeber zu etablieren. Die neuen Perspektiven und auch die ungewöhnliche Interaktion mit den Mitarbeitern werden dich inspirieren. Du wirst andere Entscheidungen treffen, die noch dazu plötzlich vom kompletten Team mitgetragen werden – versprochen!

Die folgenden Fragen helfen dir, dich mit den wichtigsten Veränderungen auseinanderzusetzen und deine Überlegungen sukzessive in die Abläufe deines Verantwortungsbereiches zu integrieren:

 ## Reflexionsfragen

1. Welche Stimmung herrscht in deinem Team, wenn die Sprache auf Digitalisierung kommt?

2. Was braucht jeder deiner Mitarbeiter, um sich für die digitale Transformation begeistern zu können?

3. Kannst du aus dem Stand die persönlichen Talente und Vorzüge deiner Mitarbeiter benennen?

4. Welche persönlichen Berührungspunkte mit digitalen Themen haben deine Mitarbeiter, im Unternehmen, aber vielleicht auch privat?

5. Welche einzigartige Kombination von digitalen Kompetenzen ergibt sich daraus für dein Team, und welche kollektiven Stärken lassen sich daraus ableiten?

6. Wie zahlen die »Touchpoints« zwischen dir und jedem einzelnen deiner Mitarbeiter auf die Herausforderungen ein, die ihr gerade zu bewältigen habt? Kommunizierst du an den richtigen Stellen und auf die richtige Art und Weise mit ihnen?

7. Wie kannst du eine permanente Kommunikation sicherstellen, um immer über die Stimmung und die Herausforderung in deinem Team informiert zu sein und die persönliche Bindung zu deinen Mitarbeitern zu stärken?

8. Wie lauten die Schlüsselwerte deiner Abteilung, und wie können sie für zukünftige Herausforderungen genutzt werden?

5. KAPITEL

Adieu Status! Die neuen Hierarchien

Werte und Status erhalten im digitalen Zeitalter eine neue Bedeutung. Auch die Strukturen der Zusammenarbeit entwickeln sich. In diesem Zuge wird Macht neu definiert. Klassische Hierarchien weichen auf; der Trend geht zu kleineren Einheiten. Sie benötigen neue Regeln und Absprachen. Spielregeln ändern sich situativ und ad hoc. Das neue Schlagwort lautet »Konnektivität«: Sie definiert Netzwerke neu und hebt die Zusammenarbeit auf ein neues Level.

Was waren das für Zeiten, in denen man noch (eher Mann als Frau) nach vielen Jahren der Schufterei endlich durch den dicken Dienstwagen oder den privilegierten Parkplatz auf dem Firmengelände, spätestens aber durch die zweite Sekretärin und den eindrucksvoll weitschweifigen Titel auf der Visitenkarte demonstrieren konnte, was er bzw. sie alles erreicht hatte. Das ultimative Ziel der Management-Karrieristen: der oberste Bulletpoint im Organigramm schwarz auf weiß und am besten ausgedruckt auf allen Fluren, mindestens aber klar kommuniziert über die E-Mail-Signatur. Eine ganze Reihe von Statussymbolen sorgte für Ansehen, Image und Reputation. Sie waren nicht nur unübersehbar, sondern legitimierten quasi gleichzeitig eine gewisse Haltung des Chefs gegenüber seiner Umgebung, die es natürlich durch respektvolles, ehrerbietiges Verhalten seitens der Mitarbeiter zu erwidern galt. Die bloße Anwesenheit im Konferenzraum oder – oh Schreck – die plötzliche Begegnung im Flur reichte, damit erwachsene Menschen eine gebeugte Haltung einnahmen, auch ohne nach Jahrzehnten der Unterordnung von »Rücken« geplagt zu sein. Der Effekt all dessen war immer derselbe: die Unnahbarkeit des Chefs.

In einer Gesellschaft, deren Strukturen multidimensional geworden sind, wird sozialer Status heute zu einer relativen Größe, wie es das Zukunftsinstitut so treffend beschreibt. Aussprüche wie »mein Haus, mein Auto, mein Boot«, aber auch ganze Lebensentwürfe und Konzepte verlieren als klassische Statussymbole immer stärker an Boden. Manche sprechen gar vom »Friedhof der Statussymbole« (so auch der Titel eines Artikels des Zukunftsinstituts) oder davon, dass endlich die »Pyramiden ausgedient« haben.[1]

»Die neue Macht, dein Status, zeigt sich an der Schar deiner Follower und ihren Ergebnissen.«

Die Verheißung vom Glück, die im vordigitalen Zeitalter eher auf Geld, Macht und Status verwies, wird von den neuen Generationen anders definiert. »Es gibt ein Umdenken«, sagt die Soziologin Jutta Allmendinger, Präsidentin des Wissenschaftszentrums Berlin für Sozialforschung:[2] Sie fand in einer Studie heraus, dass die neuen Statussymbole – ebenso wie unser Zeitalter – differenzierter, subtiler und kleinteiliger denn je sind. Vor allem aber sind sie nicht mehr universell. Denn was für den einen als Luxus gilt, mutet für den anderen geradezu primitiv oder vulgär an. So findet die Smartwatch eher Anerkennung unter den technologisch affinen Personen, die neuen »Ökos« dagegen interessieren sich nicht wirklich für sie. Die extrem teure Kaffeemaschine findet nur Anklang bei Kaffeeliebhabern. Auch die alten Vorstellungen von »edel« und »chic« bei der Bekleidung sind vielfach überholt. So rümpfen die Vertreter der LOHAS (»Lifestyle of Health and Sustainability«) bei eher protzigen Luxusgütern die Nase. Sie kaufen eher ein aus recyceltem Plastikmüll produziertes T-Shirt und achten auf eine möglichst lange Haltbarkeit ihrer Produkte. Günstig sind auch diese Produkte nicht, doch ihre materielle Qualität in Verbindung mit immateriellen Idealen, die sie verkörpern, machen sie exklusiv. So hat für viele Städter, die sich einem nachhaltigen Lebensstil verpflichtet haben, das Fahrrad längst das Auto als Statussymbol ersetzt. Ob nostalgisches Retrobike oder High-End-Designerrad: Je nach Vorliebe darf das rollende Bekenntnis sogar an der Wohnzimmerwand hängen.[3]

Lebensentwürfe der Nachfolgenerationen haben sich von Grund auf verändert. Nicht selten wird der Ansatz »Meaning is the new money« gelebt. Es sind nicht nur neue Werte und Ansprüche entstanden – nein, auch neue Statussymbole sind die Folge. Und nicht nur im Privatleben, sondern auch in der Arbeitswelt. Tatsächlich finden sich heute schon Vorstände, die freiwillig ins zweite Glied treten, und Unternehmer, die sich mehr um Mitarbeiter als um ihr Konto sorgen. Viele Firmengründer wollen gar keine klassische Karriere mehr, sondern eher ihren Traum von einer besseren Welt leben. Und gerade diese Menschen werden in der Wirtschaftswelt von heute bewundert. Viele streben ein Leben an, das nicht mehr auf einen eindrucksvollen Lebenslauf ausgerichtet ist und sich über materiellen Erfolg definiert, sondern das persönliche Wohl und auch das Wohl anderer und der Lebensumgebung integriert. Warum in dieser Welt noch mit alten Hierarchien in den Unternehmen arbeiten, wenn sich drum herum doch längst alles verändert? Die alten Methoden halten den komplexer werdenden Strukturen und Anforderungen der Business-Welt doch ohnehin nicht mehr stand. Warum krampfhaft daran festhalten?

Tatsächlich wird dies in immer mehr Situationen deutlich. So sprach ich jüngst mit einem prominenten Unternehmensgründer aus der Tech-Welt, der sein Ladekabel für den PC vergessen hatte. Es konnte ihm niemand weiterhelfen, da dieser junge Mann überraschenderweise Inhaber eines älteren Laptops war, dazu noch eines der günstigeren Modelle. Die Veranstaltung war jedoch überwiegend von Apple-Anhängern besucht – das empfundene Statusgefälle war mit Händen zu greifen.

Die neuen Strukturen reichen bis weit ins Private: So wird ein Familienvater, der jeden Tag ins Büro geht und womöglich noch Überstunden schiebt, schief angesehen, während ein frischgebackener Super-Daddy in Elternzeit stolz mitten am Vormittag den Kinderwagen durch die Stadt schieben kann. Die »Nur-Hausfrau« und Mutter wird genauso kritisch beäugt wie die karriereorientierte Teilzeit-Mami. Selbst Mutterschaft ist ein kritischer gesellschaftlicher Status geworden: Statussymbole funktionieren nur, wenn eine kritische Masse sie auch als solche akzeptiert.

Wir erleben also aktuell einen Wandel grundsätzlicher Wertevorstellungen, obwohl der Wille, sich von der Masse abzuheben, definitiv erhalten bleibt. Durch Abgrenzung und Zugehörigkeit entsteht auch weiterhin Identität. Es erwachsen nur neue »Schubladen«, die uns die anderen und uns selbst neu bestimmen lassen, wo wir uns zugehörig fühlen. Unser Ordnungssystem ist komplexer geworden und soziale Ordnungen flexibler. Experten sprechen in diesem Zusammenhang von »ungebundenen Sozialgefügen«, die ungefähr so aussehen können: Ein erfolgreicher Investmentbanker ist gleichzeitig fürsorglicher Daddy, aber auch Skateboard fahrender Downager. (Für alle, denen diese Begrifflichkeit nicht geläufig ist: Damit ist ein Vertreter der Generation »50 plus« gemeint.) Unsere Gesellschaft wird immer älter, aber gleichzeitig fühlen sich alle jünger. Daraus resultieren der Erlebnishunger, das Gesundheitsbewusstsein und die Konsumfreude dieser Bevölkerungsgruppe.

Nicht nur bei den Jüngeren, sondern auch bei den Älteren verändert sich also einiges: Unsere Werte sind in einer Neuformierung begriffen, die das Zusammenwirken aller gesellschaftlichen Gruppen neu ordnet. Und diese Veränderungen spiegeln sich natürlich auch an unseren Arbeitsplätzen.

Machtinsignien ändern sich

Inzwischen hat sich herumgesprochen, dass auch ein noch so präsidialer Titel nicht zwingend viel zu bedeuten hat. Heute verrät uns ein protziger Titel vor allem, dass sein Träger noch den alten Ordnungsformen verhaftet ist und sein Unternehmen wohl noch zu den klassisch hierarchischen gehört.

Aber was nützt ein solcher Rahmen, wenn er gar nicht mehr mit bedeutungsvollem Inhalt gefüllt ist?

Die Österreicher nehmen es mit den Titeln trotzdem noch heute besonders genau. Beim Anlegen eines deutschen Xing-Profils werden ganze sechs Titel vorgeschlagen; die letzten drei, obwohl auch in Deutschland genutzt, werden umschrieben mit »Akademische Grade in Österreich«. Dem Österreicher ist sein Titel heilig: Etwa 1500 Titel und Berufsbezeichnungen sind offiziell per Gesetz geregelt, so viel wie in kaum einem anderen Land auf der Welt – zumindest in Relation zur Einwohnerzahl. Niederösterreich führt die Statistik bei der Zahl der zu vergebenden Titel an: Da kann man zum Beispiel bis heute »Oberbrückenbaumeister der niederösterreichischen Landesregierung« werden.[4] Puh – für die Visitenkarte müssen ein paar Bäume sterben.

Und dennoch: Auch in dem Land, in dem auf die Anrede mit »Frau Magister«, »Magnifizenz« (Anrede für den Rektor einer Hochschule) oder »Herr Geheimrat« so viel Wert gelegt wird wie wohl nirgends sonst, flacht die Bedeutung der Titel sukzessive ab.

»Wenn meine Mitarbeiter meine Vision verstehen und meine Begeisterung spüren, sind auch die Ergebnisse gut, dann habe ich meinen Einfluss geltend machen können.«

In der Vergangenheit waren Titel ein Synonym für die jeweilige Hierarchiestufe und ein Indiz für die organisationale Struktur. Wenn es jetzt weniger Titel gibt, sollten wir dies nicht mit fehlenden Strukturen verwechseln. Große Unternehmen benötigen Strukturen, um Arbeit und Kommunikation zu ordnen. Es zeigt sich jedoch vielfach, dass sich klassische Hierarchien auf den digitalen Wandel eher lähmend auswirken. Und für schnelle Reaktionen, die aufgrund der Herausforderungen benötigt werden, reichen die alten Führungsmuster, die sich ganz an der Hierarchie orientierten, nicht aus.

Auch in den Unternehmen tun wir deshalb, wenn auch oft eher widerwillig, was sich nicht abwenden lässt: Wir ordnen uns neu. Die einen mehr, die anderen weniger. Klassische Hierarchien weichen nach und nach dem bereits erwähnten Prinzip der Amöbe – um auf Veränderungen in der Zukunft flexibel agieren zu können.

Aber Achtung: Das heißt nicht, dass es grundsätzlich keine Machtverhältnisse mehr gibt. Was es heißt, ist, dass sich die Insignien der Macht ändern und dass Menschen, die Macht haben, zunehmend erkennen, dass sie mit Machtausübung per Ansage von oben nicht mehr verlässlich zum Ziel kommen. Vielmehr zahlt es sich aus, wenn Chefs Ideen, die von anderen kommen, gedeihen lassen – auch von unten!

In komplexen und unsicheren Zeiten behält man die Nase im Wettbewerb nur vorne, wenn man es schafft, zwischenmenschliche Hindernisse abzubauen und sich auf die reibungslose Zusammenarbeit zu konzentrieren – also den Menschen in den Fokus setzt!

Eine Trendstudie, die StepStone mit Kienbaum im Jahre 2016 unter mehr als 14 000 Befragten durchführte, unterstreicht, dass es für 70 Prozent der Mitarbeiter in Unternehmen wichtig ist, ihre Rolle in der Gesamtstrategie des Unternehmens zu erkennen und wiederzufinden.[5] Menschen brauchen Sinn und Wertschätzung; erst dadurch werden sie wirklich motiviert. Die wahre Macht kommt nicht mehr aus dem Status und auch nicht aus der veralteten Symbolik einer starren Hierarchie, in Stein gemeißelt und von Generation zu Generation weitergereicht. Sie kommt von innen. Die wahre Macht einer Führungskraft liegt im Einfluss, den sie als Mensch auf andere Menschen ausüben kann, indem sie sich selbst als Teil eines größeren Ganzen versteht, in dem jeder seine Bestimmung und seine Rolle hat.

Ein so radikaler Umbau des Rollenverständnisses erfordert zwingend, dass wir uns als Chefs neu erfinden. Fragt sich nur: wie?

Der Chef in der Findungsphase

Das erfordert zuerst einmal ein hohes Maß an Selbstreflexion, eine Portion Mut und schließlich eine ganz klare Vision: Wer bin ich, wer will ich sein, welche Funktion führe ich gerade aus – welche Veränderungen will ich durchsetzen? Was ist dazu erforderlich?

Bin ich bereit, mich auf die Neuerungen, die dadurch nötig sind, als Persönlichkeit einzulassen? Lebe ich meine Überzeugung, oder überlebe ich nur?

Führung bedeutet im Wandel vorrangig, sich seiner Verantwortung für andere Menschen bewusst zu sein. Christian Miele, der Urenkel des Miele-Gründers Carl Miele, ist Investor bei E.ventures Berlin. Er versteht Macht folgendermaßen: »Die Währung hinter Macht ist Vertrauen. Mitarbeiter legen Entscheidungen vertrauensvoll in die Hände von Führungspersonen. Damit muss ich als Führungsperson umgehen lernen. Das ist eng verbunden mit Herzlichkeit, Menschlichkeit und Respekt. Also eine Haltung, die viel mit menschlichen Grundwerten verbunden ist.« Einer der Gründer von Blinkist, Sebastian Klein, meint dazu: »Viele Menschen sehen Macht als etwas Negatives an, aber wenn wir die Macht etwas mehr gleichverteilen auf die Menschen, ließe sich viel mehr Sinnvolles daraus machen.« Häufig, so Klein weiter, ziehe Macht die falschen Leute an. Das führe dazu, dass häufig die mit dem größten Ego, aber dem wenigsten Führungstalent an der Spitze säßen, während sich die mit dem besseren Führungstalent oft die Verantwortung nicht zutrauten.[6]

Es ist spannend: Fragst du zehn Menschen, was für sie Macht darstellt, bekommst du in der Regel zehn unterschiedliche Antworten. Die einen betrachten Macht als Reputation, die anderen als positive Überzeugungsarbeit. Das zeigt uns: Macht wird unterschiedlich gelebt und vor allem genutzt. Und das heißt auch: Macht ist wandelbar.

Werfen wir diesbezüglich mal einen Blick in eine ganz spezielle Branche: die Spitzengastronomie. In deren Küchen spielt Macht eine entscheidende Rolle. Der Harvard Business Manager hat darüber mit Cornelia Poletto gesprochen, einer Sterneköchin, Buchautorin und Restaurantbesitzerin. Sie erzählt im Interview, dass vor Jahren in den Küchen noch vielfach ein regelrechtes Herrschaftsgebaren angesagt war. Das sei mittlerweile sehr aufgebrochen worden; auch ein Starkoch kann sich nicht mehr erlauben, zu führen wie ein Kaiser. Der Markt sei kleiner geworden, und es spräche sich schnell herum, wer streng hierarchisch oder gar cholerisch führe. Dieses Verhalten würde nicht mehr toleriert. Sie selbst führt offen und auf Augenhöhe und spricht Themen, die die Mitarbeiter berühren, umgehend an, so Poletto.[7]

Das Bild einer Küche bietet uns einen originellen Rahmen, um Managementverhalten zu skizzieren. Ging die Führungskraft früher in die Küche und kochte nach Rezept mit den Zutaten von einem langen Einkaufszettel, der vorher erst einmal akribisch abgearbeitet werden musste, warf alles nacheinander in den Topf und rührte um, ist das Prinzip heute ein anderes: Wir sagen nicht mehr an, was wir brauchen, sondern wir schauen uns erst einmal um und fragen uns: Was haben wir? Wir kochen also nicht mehr nach einem starren, unveränderlichen Plan. Der zeitgemäße Manager schaut, was geht, und reagiert flexibel auf die aktuelle Lage.

Auch für diese Methode gibt es eine Expertin: Professor Saras D. Sarasvathy von der University of Virginia beobachtet seit Jahren, wie Unternehmer ticken. Laut ihren Beobachtungen handeln sie weniger planvoll als vielmehr »erkundend«. Sie nutzen alle Ressourcen, die ihnen zur Verfügung stehen, und agieren dementsprechend. Ganz wichtig: Sie lassen sich von Schwächen nicht abhalten und konzentrieren sich auf die Stärken. Das heißt übersetzt: offen und beweglich bleiben. Das ist praktisch die Definition von Agilität.[8]

Bezogen auf unsere Handlungen im Businessalltag heißt das, dass wir im analogen Zeitalter stets alle gut durchstrukturiert waren: Fleißig haben wir Schritt für Schritt Strategien entwickelt und Lösungen erarbeitet. Allerdings ist dieses Vorgehen davon geprägt, dass wir jeweils den nächsten Schritt kennen mussten. Den kennen wir im digitalen Zeitalter oft aber eben nicht! Da die meisten Führungskräfte Angst vor Entscheidungen – um genauer zu sein: vor falschen Entscheidungen – haben, kommen wir so nicht weiter. Die Lösung: Wir beziehen unser Team und unser Netzwerk mit ein. Dieses ist im besten Fall ein unerschöpflicher Fundus an Kompetenz, oder sollte es sein. So tun sich im Zweifel nicht einer, sondern gleich mehrere Wege auf, die wir gehen können!

Zusammenfassend lässt sich sagen: Da kristallisiert sich eine ganz neue Art von Macht heraus: Netzwerken! Außerdem können wir festhalten: Macht ist flüchtig. In fluiden Zeiten, Unternehmensstrukturen und Märkten können wir sie uns immer nur leihen, aber nie dauerhaft besitzen. Deshalb macht es auch keinen Sinn, sich an sie und ihre Statussymbole zu klammern. Auch Macht unterliegt dem Wandel, auch sie verändert sich ständig. In sich ständig wandelnden Strukturen kann man machtlos in eine machtvolle Situation geraten und umgekehrt. Für Menschen, die mit Macht oder Einfluss agieren, sind Attribute wie Demut, Empathie und Offenheit in Zukunft unabdingbar, denn Macht lässt sich nicht mehr einseitig ausüben.

Das Netzwerk – Statussymbol ohne Verfallsdatum?!

Eine weitere Verschiebung von Macht ist die von den Vorgesetzten zu den Mitarbeitern. Durch Fachkräftemangel und demografischen Wandel geben Arbeitnehmer zunehmend den Ton an. Nach meinem Eindruck liegt die Zukunft deshalb eher in einem bisher mehr oder weniger beispiellosen Machtgleichgewicht anstatt in Machtspielchen. Auch Führende, die sich schwer an diesen Gedanken gewöhnen können, werden sich mit der Situation arrangieren müssen: Kontinuierliche Leistungsfähigkeit in unseren Unternehmen braucht Stabilität und Heterogenität. Einer allein kann die Machtrolle nicht mehr ausfüllen, weder an der Spitze eines Teams noch eines Unternehmens. Wir sind auf Kooperation angewiesen.

Das führt dazu, dass unsere Macht sich zunehmend an unseren Netzwerken bemisst. Entscheider, die sich als Ermöglicher verstehen und gleichzeitig auf Gemeinsamkeit setzen, sind definitiv die Gewinner. Dazu bedarf es qualitativ hochwertiger Netzwerke. Für dich als Führenden heißt das: Gewinne zuerst mit deiner Persönlichkeit Menschen – damit gewinnst du Macht für den Wandel!

Was für den Einzelnen gilt, gilt auch für das ganze Unternehmen. Diese können sich zukünftig immer weniger über Produkte oder Technologien definieren – das Verfallsdatum ist zu kurz. Unternehmen leben künftig von der »Vitalität und Lernfähigkeit ihrer Netzwerke«, so der Resilienzforscher und Philosoph Harald Katzmair im Interview mit dem Zukunftsinstitut.[9] Wenn wir von Netzwerken sprechen, dann meinen wir auch über die Organisation hinausgehende, die Kunden und Lieferanten einschließen. Nur wenn das gesamte System lebendig und gut, also ressourcenreich verknüpft ist, werden Unternehmen bei den immer kürzeren zukünftigen Innovationszyklen mithalten können.

> **»Die Macht des Influencers liegt darin, Talente zu orchestrieren und Visionen zu vermitteln.«**

Dabei ist darauf zu achten, dass unsere Netzwerke aus ganz unterschiedlichen Netzwerkpartnern bestehen, sonst wühlen wir schnell wieder in ähnlichen Mindsets und finden dieselben Sachen erstrebenswert wie früher. Üblicherweise bestehen Netzwerke aus in irgendeiner Art Gleichgesinnten, also aus Menschen, die ähnliche wertbehaftete Ausrichtungen besitzen. Gemeinsamkeiten geben uns Menschen Sicherheit; daher bilden sich vorrangig Netze aus ähnlich funktionierenden Personen. Zukünftig brauchen wir also Netzwerke, die eigene Kulturen entwickeln und ihr eigenes Ding machen. Andernfalls laufen wir Gefahr, dass jede Krise aufgrund einer unerwarteten Veränderung sofort alle betrifft und das ganze Unternehmenssystem lahmlegt. In einem System, das aus lauter dynamischen, selbstständigen Netzwerken besteht, gibt es immer Teile, die nicht betroffen sind und anderen unabhängig helfen können.

Keiner wird zukünftig mehr vorhersehen können, wie sich das eigene Geschäftsmodell entwickelt. Das ist der Grund, warum Unternehmen nicht langfristig und starr planen können. Ständige Überprüfung und stetiges Dazulernen, wie sich Situationen unter bestimmten Gegebenheiten entwickeln, sind erforderlich, damit Entscheidungen und Arbeitsweisen angepasst werden können. Dies hat natürlich zwingend Einfluss auf den Führungsstil: Hier zeigt sich ganz deutlich, dass die Führung alle Teams und Organisationen zum Lernen bringen muss. Außerdem ist dadurch bedingt, dass Führungskräfte logischerweise nicht mehr alle Entscheidungen allein treffen und die Richtung allein bestimmen können. Um schnellstmöglich reagieren und wendig handeln zu können, werden Entscheidungen im Team getroffen. Die Führungskraft gibt bestenfalls nur richtungsweisende Impulse vor und definiert den Rahmen. Das bedingt, dass Hierarchien im klassischen Sinne verschwinden, aber nicht weniger Führung notwendig ist. In einer solchen Organisation sind die Spielräume enorm wichtig, die von oben für Mitarbeiter geschaffen werden und bereits Thema waren. All das kann natürlich nicht von heute auf morgen passieren – je früher wir mit dem Kulturwandel beginnen, desto besser.

An den Umgang mit so viel Eigenverantwortung müssen sich natürlich auch viele Mitarbeiter erst gewöhnen. In der Vergangenheit musste man sich oft keine Gedanken machen, ob man das Richtige tut; alles wurde vorgegeben. Nicht minder schwierig ist die Frage nach dem richtigen Maß an Eigenverantwortung. Was für den einen kreativen Freiraum bedeutet, ist für den anderen überfordernd.

Eigenverantwortung heißt zuerst einmal, selbst eine Lösung zu suchen. Das geht meist nur, wenn ich in meiner Position auch handeln kann. Funktioniere ich in meiner Position tatsächlich relativ autark, besteht wiederum die Gefahr, dass ich mich selbst über der Aufgabe vergesse. Das erlebe ich bei immer mehr Führungskräften und Mitarbeitern. Ein gefährlicher, aber wichtiger Lernfortschritt: Eigenverantwortung übernehmen impliziert auch das eigene Wohlbefinden. Und immer mehr Menschen achten immer weniger auf sich selbst, da die Grenzen zwischen Business und Privat verschwimmen. Heute ist es ungeheuer wichtig, dass ich auf mich selbst achte, damit ich mich nicht überfordere. Diese Gefahr besteht gerade dann, wenn ich in meiner eigenverantwortlichen Rolle von außen betrachtet hervorragend funktioniere, während ich innerlich vielleicht schon längst Raubbau an meinen Ressourcen betreibe.

Eigenverantwortung heißt also auch, auf körperliche und mentale Fitness zu achten.[10] Das hört sich in der Theorie einfach an, bedarf im Zeitalter der permanenten Erreichbarkeit jedoch, wie wir alle wissen und spüren, viel Disziplin. Wer nicht darauf achtet, setzt weitaus mehr aufs Spiel als die berufliche Karriere. Management beginnt beim Selbstmanagement!

Konnektivität als Erfolgsfaktor

An dieser Stelle, die zugleich die Schnittstelle zwischen Individuum und Organisation ist, kommen die Netzwerke ins Spiel. Denn wenn ich mich in jeder Frage und Situation auf einen Experten in meinem internen oder externen Netzwerk verlassen kann, den ich um Rat oder Tat bitten kann, kann ich mit meinen Ressourcen ganz anders umgehen.

Die Vernetzung oder auch »Konnektivität« einer Führungskraft ist das ultimative Multi-Tool der Zukunft. Das Prinzip der Vernetzung kennzeichnet den gesellschaftlichen Wandel auf unterschiedlichen Ebenen. Netzwerke sind heute deutlich vielschichtiger als bisher. Unternehmen und Führungskräfte brauchen dazu jedoch ein ganzheitliches und systemisches Verständnis von Führung, Erfolg und Zusammenarbeit, und das ist bei vielen noch nicht der Fall.

Ich stelle immer wieder fest, dass wir uns gerade hierzulande unheimlich schwer mit dem Netzwerkaufbau tun. Die wenigsten haben diese Disziplin als Schlüsselelement in ihre Karriere eingebaut. Ja, sie verstehen gar nicht, wie viele Gelegenheiten sie auslassen oder gar nicht sehen, die ihnen geboten werden. Das beginnt schon damit, dass ein Netzwerk fehlerhaft als lineares Gebilde verstanden wird. Sie lernen jemand kennen, der oder die vordergründig nicht zwingend interessant ist. Also lassen sie den Kontakt fallen, weil sie außer Acht lassen, dass diese Person neben ihrer eigenen Kompetenz ja auch wieder über ganz interessante Netzwerke verfügen mag. Einen ähnlichen Fehler begehen viele mit Mitarbeitern oder Kollegen, die das Unternehmen verlassen. Oft werden sie damit als Kontakt scheinbar uninteressant, da sie nicht mehr zum direkten Arbeitsumfeld gehören. Doch es ist extrem unklug, diese Menschen einfach abzuschreiben: Als Teil der Branche ist und bleibt die Person ein Multiplikator.

Warum nicht bei einem Glas sich mit dem Mitarbeiter zusammensetzen und über dessen Zukunftsabsichten plaudern? Du erfährst dabei in der Regel ganz viel, was derjenige in seiner alten Position vielleicht nicht hätte preisgeben können oder wollen, und baust gleichzeitig ein Netz in das neue Unternehmen des Mitarbeiters oder Kollegen auf. Handelt es sich um deinen ehemaligen Mitarbeiter, erfährst du auf diese Weise vielleicht auch, was du im eigenen Umfeld ändern kannst, damit weitere Abschiede in deinem Team vermieden werden können. Die wesentliche Botschaft in dem Gespräch sollte sein, dass du übermittelst, welchen Beitrag der Mensch für das Unternehmen geleistet hat, sodass ihm das Gespräch als positives, emotionales Erlebnis in Erinnerung bleibt, vielleicht sogar als eine Art Abschiedsgeschenk betrachtet werden kann. In den meisten Branchen sieht man sich mehr als einmal im Leben. Warum sich einen wertvollen Kontakt durch oberflächliche Befindlichkeiten verderben, nur weil jemand aus guten Gründen »das Lager wechselt«?

> »Jeder hat ein Talent, jeder ist wertvoll, also finde als Influencer heraus, was dein Gegenüber kann, und gib ihm die Chance, sein Können einzusetzen.«

Seien wir ehrlich: Wie viele Chefs machen das so? Die meisten fühlen sich eher in ihrem Stolz verletzt, wenn ein Mitarbeiter kündigt. Sieh es doch mal so: Dieser Mensch verschwindet als Ressource ja nicht – er nimmt nur einen anderen Platz in deinem Netzwerk ein. Es sei denn natürlich, du vergraulst ihn bei dieser Gelegenheit effektiv. Hinzu kommt, dass ein solcher Führungsstil auch von anderen als »nachhaltig« wahrgenommen wird: Ein solcher Umgang ist ein tolles Signal für dein Team, das daran erkennt, wie wertschätzend du selbst ausscheidende Mitarbeiter behandelst.

Netzwerk-Trends: Business- oder Ecosystems

Netzwerke waren schon immer der Schlüssel zur Weltgeschichte, egal ob es sich um die Beziehungsgeflechte der Päpste, Könige, Präsidenten oder auch Unternehmer ihrer Zeit handelte. Im Schatten der Herrschaftsebene gab es stets weniger sichtbare, aber nicht minder einflussreiche Netzwerke von Protagonisten. Wer die Mehrschichtigkeit von Netzwerken verstanden hatte und zu nutzen wusste, war anderen zu allen Zeiten mehrere Schritte voraus.

Das digitale Zeitalter hebt das Thema Netzwerk nun auf ein ganz anderes Level. Denn alles und jeder ist heute vernetzt oder hat mindestens theoretisch die Möglichkeit dazu. Es gibt keine physischen Grenzen des Netzwerkens mehr, wie sie früher zum Beispiel die Geografie vorgab.

Nicht verändert hat sich dagegen der Grundzweck jeden Netzwerks: Es hilft uns, etwas zu erreichen, was allein nicht möglich gewesen wäre. Dabei geht es heute weitaus offener und demokratischer zu als in der Vergangenheit. Wir entwickeln uns immer mehr weg vom Herrscher- oder Exklusivwissen hin zu einer kollektiven Intelligenz und den entsprechenden Wegen zur Zielerreichung. Diesen Wandel muss man verstehen und »spielen« können.

Auch ein »Scrum-Team« agiert als Netzwerkeinheit, in welcher jeder sein Talent entfalten kann und sein eigenes Rollenverständnis besitzt. Diese Einheiten funktionieren eher heterarchisch, also ohne klassischen Chef. Wie in Netzwerken bringt jeder seine Fähigkeiten ein und besetzt dabei eine bestimmte Rolle. Ich persönlich bin nicht davon überzeugt, dass Scrum-Teams trotz ihrer Wendigkeit die Lösung aller Probleme und das ideale Modell für jedes Unternehmen sind. Entscheidend ist aus meiner Sicht die Art, wie wir in der Zusammenarbeit miteinander umgehen – hier liegt das Potenzial für qualitativ bessere Ergebnisse. Und nachweislich ist die Atmosphäre in kleinen, nicht hierarchisch arbeitenden Teams besser. Hier wird jeder für den Gesamterfolg benötigt, und der Status ist nicht relevant – die Definition eines Netzwerks auf Augenhöhe.

Wichtig ist, dass wir uns vor Augen führen: Wir können heute ohne die passenden Netzwerkpartner und Kooperationen nicht überleben. Was uns dazu verhilft? Die allseits für das digitale Zeitalter kennzeichnende Konnektivität! Die vielfache Vernetzung findet sich in unterschiedlichen Facetten wieder. In ihrer Extremform entstehen dabei ganz neue Geschäftsmodelle: die sogenannten Business- oder auch Ecosystems. Diese Form von Netzwerkgeflechten ist wirtschaftlich äußerst intelligent und definitiv eine bemerkenswerte Weiterentwicklung der klassischen Netzwerke.

Es besteht kein Zweifel mehr, dass sich gerade für etablierte Unternehmen die Regeln des Wettbewerbs grundlegend ändern. Sie können die Innovationsdynamik im Wettbewerb mit agilen, digitalen Start-ups nicht mitgehen, können sich aber auch nicht über Nacht neu erfinden. Eine schwierige Herausforderung für klassische Organisationen: Sie dürfen auf keinen Fall in ihrem aktuellen Status verharren.

Aus diesem Grund knüpfen immer mehr Großunternehmen oder Konzerne neuartige und profitable Beziehungen zu anderen Marktteilnehmern. Das nennt man dann ein neu geschaffenes Ökosystem oder Ecosystem (internationale Bezeichnung). Diese Gebilde stehen für innovative Business-Ansätze wie Plattform-Ökonomie, Crowdsourcing oder Start-up-Kooperationen. Die neue Form der Netzwerkbildung ist natürlich nicht nur den Großen vorbehalten – auch immer mehr Mittelständler folgen diesem Trend und investieren Ressourcen in den Aufbau eigener Ökosysteme sowie digitaler Plattformen, um ihren Kunden Mehrwert zu bieten – branchenübergreifend.

So wäre es beispielsweise dringend erforderlich, dass sich die Automobilindustrie mit branchenfremden Partnern zusammenschließt und ein gemeinsames Ökosystem aufbaut, das automobile Dienste anbietet. Denn die Automobilhersteller befinden sich aktuell in einer ähnlichen Situation wie die Kutschenhersteller früher. Es geht nämlich nicht mehr darum, wie man das bessere Auto baut. Nein, die Frage lautet: Was kommt nach dem Auto, dem Auto als persönlichem Konsumprodukt im klassischen Sinne jedenfalls? Insbesondere in Ballungsräumen werden viele Menschen zukünftig auf das (eigene) Auto verzichten. Die Weiterentwicklung der E-Mobilität und anderer alternativer Antriebssysteme ist unaufhaltsam. Branchenfremde Akteure wie Google oder Apple drängen auf den Markt. Gleichzeitig werden die Ansprüche an Automobilhersteller individueller. Kaum zwei identische Fahrzeuge kommen mittlerweile vom Band, so vielfältig sind die Möglichkeiten der Individualisierung in der Ausstattung geworden. Carsharing-Apps, selbstfahrende Autos und andere Modelle verändern die Branche ebenfalls nachhaltig.

Ich habe mit Jana Ebner von der TME AG über das Thema Ecosystems gesprochen. Die TME AG ist eine Unternehmensberatung, die mit Unternehmen aus der Finanzindustrie digitale Transformation begleitet. Jana ist erst 31 Jahre alt, gehört also der Generation Y an, und beschäftigt sich ausschließlich mit Ecosystems. Ich habe sie gefragt, was aus ihrer Sicht die größten Hindernisse sind, wenn die Finanzindustrie neue Wege bezüglich ihrer Geschäftsmodelle erforscht. Die Antwort hat mich überrascht: »Ganz einfach, die Unternehmenskultur!«, gab Jana ohne Zögern zurück. Etablierten Führungskräften fällt es schwer, gewohnte Pfade zu verlassen und ganz neu zu denken. Die alten Geschäftsmodelle basieren auf Pipeline-Modellen. Das heißt: Das Unternehmen entwickelt ein Produkt oder einen Service, bietet es dem Markt an und verkauft es an den Kunden. Diese einfache, lineare Logik wird heute von neuen Akteuren an verschiedenen Punkten der Wertschöpfungskette disruptiert.

Neue Unternehmen dagegen stellen sich meist direkt als Plattform auf. Die Gründer haben verstanden, dass der Kunde ganz individuell auf sich zugeschnittene Produkte oder Services benötigt. Die kann ein Unternehmen allein gar nicht bieten, schon weil es je nach Ausrichtung nicht zwingend direkten Kundenkontakt hat.

Für mich ergab sich daraus die Frage, ob eine Plattform letztendlich nicht doch auch ein(en) oder mehrere Produkte und Services darstellt, die dem Kunden angeboten werden. Doch für Jana sind die Unterschiede vielfältiger: Wenn sich heute Unternehmen als Plattform aufstellen, heißt das, sie vernetzen alle Beteiligten mit dem Kunden. Das Produkt ist oft noch nicht fertig, wenn es angeboten wird; es wird mit dem Kunden auf seine Bedürfnisse zugeschnitten. Wir sprechen hierbei von »MVPs« – von Minimal Variable Products. Das heißt, dass das Produkt am Anfang nur sehr wenige fixe Eigenschaften hat, die je nach Kundenfeedback um weitere Eigenschaften erweitert werden.

Plattformen, die bereits nach diesem Modell arbeiten, sind etwa Airbnb, Lieferando, Flixbus oder Free Now. An dieser Aufzählung erkennen wir schon: Die Plattformwirtschaft ist längst keine Zukunftsmusik mehr, sondern bereits mitten in unserem Alltag angekommen. Am Beispiel von Free Now lässt sich die Entwicklung vom Gestern ins Morgen besonders gut direkt nachvollziehen: Free Now hieß früher »Mytaxi«. Dann hat man erkannt, dass der Kunde, der ein Taxi bestellt, nicht zwingend ein Taxi braucht, sondern nur von einem Ort zum anderen möchte. Außerdem mag manchem Kunden ein extra für ihn herbeigerufenes Taxi zu teuer sein. So hat man bei Free Now die Möglichkeit geschaffen, das Taxi zu »teilen« – oder man kann unter »my ride« einen Privatanbieter ordern, ähnlich dem Uber-Prinzip.

»Unterschätze nie den Einfluss deiner Community, deines Teams, das deine Worte lebt – ein mächtiges Instrument.«

Von Jana wollte ich wissen, wie so ein Plattformmodell in der Finanzindustrie aussehen könnte. Ihre Antwort zeigt, dass Plattformen durchaus ganzheitlicher und dennoch individueller auf die Kundenbedürfnisse abgestimmt sind als das Angebot klassischer Organisationen. Natürlich, so Jana, will jeder im Alter abgesichert sein. Das Thema ist aber für sich genommen nicht besonders sexy, und mancher mag sich lieber (noch) nicht damit beschäftigen. Nun ist es zwar so, dass die Banken auf einem Riesenkundendatenstamm sitzen und daher exakt wissen, für wen dieses Thema wann interessant werden kann. Sie haben aber oft nicht die Kompetenz und die erforderlichen Ressourcen, um attraktive Produkte zu entwickeln und den Kunden passende und auf genau ihre Bedürfnisse zugeschnittene Services anzubieten. Hier kommen mögliche Kooperationspartner ins Spiel, die sowohl diese Kompetenzen der Produktentwicklung als auch die richtige »Stimme« in der jeweiligen Gruppe haben. Alle zusammen könnten eine Plattform entwickeln, die den Kunden und den Produktentwickler (z. B. eine Versicherung) zusammenschließt. Die Bank liefert (natürlich mit Zustimmung des Kunden) zusätzliche Daten an den Produktentwickler, um die »Passung« der Produkte sicherzustellen.

Ein solches Vorgehen erfordert allerdings einen kompletten Mindshift, also eine Änderung nicht nur des bisherigen Vorgehens, sondern auch der Haltung zum eigenen Kerngeschäft. Denn der Finanzdienstleister muss wissen, wofür er als Unternehmen steht, was er kann und was nicht. Für Letzteres sucht er sich den passenden Netzwerkpartner. Gemeinsam wird die Plattform entwickelt, ähnlich einem abteilungsübergreifenden Team. Der Unterschied ist, dass hier auch auf externe Partner zugegriffen wird und dieser externe Partner nicht einfach »zuarbeitet« und dann verschwindet, sondern dass das Produkt gemeinsam angeboten wird und er daran mitverdient.

Die Netzwerkkultur der Influencer

Jeden Tag wird unser Leben etwas smarter und vernetzter. Physische und digitale Grenzen lösen sich auf, und bald wird jedes Unternehmen in irgendeiner Weise ein Softwareunternehmen sein. Die treibende Kraft dahinter nennt sich Konnektivität. Sie herrscht, wenn alles miteinander und untereinander vernetzt ist: der Mensch, die Maschinen, Communities, Inhalte, Technologien und Produkte. Dann erst profitieren wir wirklich von der sogenannten Schwarmintelligenz. Dank den technischen Möglichkeiten haben sich einige Formate herauskristallisiert, die bezeichnend sind. Eines davon ist das zu Recht gehypte Schlagwort »Crowdsourcing«.

Auch Crowdsourcing bezeichnet eine intelligente Form des Netzwerkens im digitalen Zeitalter und setzt auf die Weisheit der Vielen.

Es bezeichnet die Auslagerung traditionell interner Unternehmensaufgaben an eine Onlinecommunity mit dem Ziel, neue Ideen zu generieren oder konkrete Probleme zu lösen.

Eine andere Form von Konnektivität findet sich unter der Begrifflichkeit »Internet of Things«: Hier sprechen wir vom Ergebnis umfassender Vernetzung und smarter Interaktion zwischen den digitalen Systemen – also aller denkbaren Geräte von Fahrzeugen zu Industrieanlagen oder ganzen Gebäuden.

Ein weiterer Hype-Begriff ist die sogenannte »Kollaboration«: die technisch vermittelte Zusammenarbeit in Teams. Zielsetzung ist oft die Generierung neuer Ideen oder Problemlösungen. Die Zusammenarbeit selbst ist intensiv, kreativ und zeitlich begrenzt. Durch den Austausch mit anderen entstehen sogenannte Synnovationen, neue Verbindungen oder Sichtweisen. Die digitale Kommunikation ist dabei ein starker TrOMLINE (Trend + Online). Dieser Trend beschreibt die digitale Achtsamkeit (die den meisten fehlt), hergeleitet aus einer Verbindung von »online« und dem meditativen Urklang »OM«. Gemeint ist damit ein »ganzheitliches, real-digitales Mindset, das einen reflektierten Umgang mit vernetzter Digitalität ermöglicht«[11] – definitiv ein nicht zu unterschätzender Aspekt der Digital Literacy, zu der wir alle unseren eigenen Zugang finden müssen. Ziel ist nicht die Abschottung gegenüber neuen Medien, sondern ein reflektierter Umgang mit dem Internet: eine real-digitale Balance in vollvernetzten Lebenswelten.

Über allen Hypes thronen natürlich die sozialen Netzwerke, in denen die Influencer aktiv sind. Hier können wir auch als Führungskräfte einen hohen Stellenwert erreichen. Inzwischen haben Facebook, Instagram oder Twitter, LinkedIn oder Xing einen festen Platz in der privaten und beruflichen Kommunikation, als Schnittpunkte unseres sozialen Lebens, etwa als Event-Kalender, und als wichtige Schnittstellen zwischen Marken und Kunden. Letztlich haben erst die sozialen Netzwerke mit ihrer spezifischen Funktionsweise den Influencer hervorgebracht. Inzwischen sind sie aus der Alltagskultur genauso wenig wegzudenken wie aus der Unternehmenskommunikation.

An der Stelle macht es Sinn, sich einmal genauer den Social Influencern – den sogenannten digitalen Meinungsführern – und ihren Wirkungsprinzipien zuzuwenden. Sie sind schließlich das beste Beispiel, wie jedwede Art von Einfluss auf Menschen auch über die digitale Welt hinaus ausgeübt werden kann. Influencer haben die besten Netzwerke, erreichen viele Menschen und üben durch ihre Botschaften und ihr Verhalten einen großen Einfluss in ihren »sozialen« Communitys aus. Doch wie funktioniert das eigentlich, und wie funktioniert es richtig? Dass Netzwerke große Macht haben, wissen wir – doch bezüglich der Qualität des Einflusses gibt es große Unterschiede.

»Wenn die Ergebnisse nicht stimmen, bin ich kein guter Influencer. Punkt.«

Neben den Micro- und Makro-Influencern, die bereits thematisiert wurden, gibt es heute eine weitere Gruppe mit wachsender Bedeutung: die Nano-Influencer.[12] Das sind Influencer mit weniger als 1000 Followern. Bei dieser Gruppe mag die Reichweite geringer sein, doch dafür ist die zunehmend wichtige Engagement-Rate (also die Interaktion oder auch Handlungsrate) bei ihnen besonders hoch. Die Followerschaft dieser Influencer setzt sich meist aus Familienmitgliedern und Freunden zusammen, was für Unternehmen langfristig besonders interessant ist. Der Grund ist, dass Nano-Influencer über einen deutlich stärkeren Einfluss bei ihren Followern verfügen. Letztere reagieren unmittelbarer auf den Einfluss oder die Empfehlung des Influencers. Nachvollziehbar: Wie will man bei Hunderttausenden Followern noch in eine bedeutsame nachhaltige Interaktion einsteigen? Ein Ding der Unmöglichkeit! Doch genau das ist der Faktor, der in Social Media einen großen Teil des Erfolgs ausmacht.

Und deshalb ist es wichtig, zwischen »Weak Ties« und »Strong Ties« zu unterscheiden. Erstere stehen für eher flüchtige Verbindungen, die »Strong Ties« halten dagegen starke Verbindungen zu ihnen wichtigen, gut bekannten Menschen. So unterteilen sich die Influencer also zwischen denjenigen, die kurzfristig zu einer weiten Zielgruppe die Tür aufmachen, und denen, die besonders aktiv innerhalb einer kleineren Gruppe sind: gezielt Informationen verbreiten, Videos verschicken, an Umfragen teilnehmen. Letztere genießen eine hohe Glaubwürdigkeit und sind entsprechend mächtig als Tippgeber.

Manche Unternehmen bevorzugen, je nach ihrer konkreten Social-Media-Strategie, inzwischen Nano-Influencer mit »Strong Ties« gegenüber denen mit größerer Reichweite. Der Grund ist die Erkenntnis, dass das Engagement eines Accounts mit dem Anstieg an Followern überproportional sinkt. Eine Studie des Technologieunternehmens Markerly, das sich auf die Identifikation und das Tracking von Influencern spezialisiert und über zwei Millionen Social-Media-Influencer untersucht hat, hat spannende Ergebnisse erbracht: Ein Instagramer mit weniger als 1000 Followern hat demzufolge im Schnitt eine »Like-Rate« von 8 Prozent. Diese Rate sinkt bei Follower-Zahlen zwischen 1000 und 10 000 schon auf 2,4 Prozent und geht ab 100 000 Followern bis hinunter auf 1,7 Prozent. Bei diesem Wert stagniert sie. Ähnliches gilt für die Comment-Rate. Laut dieser Studie hat der Influencer den größten Einfluss, der zwischen 10 000 und 100 000 Follower hat und es schafft, seine Follower wertzuschätzen, indem er sie »hört« und mit ihnen interagiert.[13]

Es gibt dazu auch prominente Praxisbeispiele. So startete eine Kampagne für einen Teehersteller mit den berühmten Kardashians – einer Familie von schwerreichen US-amerikanischen Promis, die über Millionen von Followern verfügen. Allerdings stellte sich der richtige Erfolg für den Teehersteller erst ein, als er begann, außer mit den Kardashians auch mit 30 bis 40 Micro-Influencern zu arbeiten. Die richtige Strategie ist also offensichtlich eine Frage der fein abgestimmten Mischung – wie bei einem guten Tee eben …[14]

Wenn Adidas etwa mit Lionel Messi zusammenarbeitet, der über 56 Millionen Follower hat, sorgt das für eine hohe Reichweite – die allerdings auch viele Millionen Menschen einbezieht, die nichts mit Sportbekleidung am Hut haben. Dann bringt die (teure) Kooperation einen Image-Nutzen, aber nicht zwingend mehr Produktverkäufe.

Ergo: Manchmal bewirken viele Micro- oder Nano-Influencer, die für ein hohes Engagement sorgen, mehr als der prominenteste Kopf als Makro-Influencer. Und das ist eine Lektion, die sich auch die CEOs dieser Welt hinter die Ohren schreiben sollten: Allein führt in Zukunft niemand mehr ein Unternehmen. Erst wenn jede Führungskraft in ihrem Einflussbereich als Micro-Influencer wirkt, wird Führung wirklich effektiv.

Fazit: Deine Beziehungsqualität definiert deinen Erfolg

Was nimmst du hiervon als Entscheider aus diesen Erkenntnissen für deine tägliche Arbeit mit? Es ist die Qualität der persönlichen Beziehung, die deine Follower, also auch Mitarbeiter, zu einer hohen Interaktion veranlasst. Die Kunst liegt wie im privaten Umfeld darin, Vertrauen zwischen Menschen auf- und auszubauen. Das funktioniert umso besser, je näher wir einander sind. Nicht die Größe des Netzwerks zählt, sondern die Qualität!

Das heißt allerdings ganz und gar nicht, dass ein gutes Netzwerk in Zukunft nur deine internen Follower (Mitarbeiter, Kollegen, Vorgesetzte) umfassen würde, ganz im Gegenteil: Auch die Kontakte außerhalb des Unternehmens können entscheidend sein. Das Ziel ist ein vielschichtiges, eng verwebtes Netzwerk.

Eine Erfolgsfrage der Zukunft lautet also: Schaffst du es, über die Unternehmensgrenzen hinweg, in andere Länder, zu weiteren Stakeholdern tragfähige Netzwerke aufzubauen? Hast du belastbare Kontakte zu Personen oder Institutionen auch jenseits deiner unmittelbaren »Zielgruppe« – zu Meinungsträgern, zu Experten anderer Branchen, zu Trendsettern und zu Menschen mit einer kritischen Außenperspektive? All diese Protagonisten können wertvolle Impulse liefern und sind deshalb wichtig für dein Netzwerk.

Wir befinden uns aktuell in einer Art Hybridwelt: Viele Kulturelemente, Methoden und Verhaltensweisen aus dem analogen Zeitalter sind noch stark vorherrschend und haben teilweise auch noch immer ihre Berechtigung. Gleichzeitig wird – teils unreflektiert – auf viele Trendzüge aufgesprungen, die wenig zielführend sind. Gerade beim Netzwerken wird viel ausprobiert und getestet – und das ist richtig so, denn noch ist schwer einzuschätzen, welcher Weg, welche Methode die richtige für unser Unternehmen und seine aktuelle Situation ist.

Die größere Gefahr angesichts all dieser offenen Fragen ist, dass Unternehmen in eine Art Starre verfallen und lieber nichts tun als das Falsche. Leider beobachte ich diesen Fehler sehr oft. Deshalb möchte ich in aller Dringlichkeit davor warnen: Allein kommen wir nicht mehr weit. Erfolgreiche Führung wird sich in Zukunft über die Qualität meines Teams im weiteren Sinne und über meine Netzwerke definieren. Durch sie definiere ich meinen Status in einer Welt, in der Macht eine ganz neue Bedeutung erfährt. In Zukunft gilt es sie sinnstiftend für alle Beteiligten einzusetzen.

Auch am Ende dieses Kapitels möchte ich dich einladen, mithilfe einiger Kernfragen die Inhalte zu reflektieren und dir Gedanken über dein eigenes Verständnis von Macht und Hierarchie, deine Vorstellung von Zusammenarbeit und den Stand deines eigenen Netzwerks zu machen:

 ## Reflexionsfragen

1. Was bedeutet für dich Macht?

2. Inwiefern stützt sich dein Führungsstil auf deine Position innerhalb der Struktur deines Unternehmens?

3. Musst du deinen Führungsanspruch regelmäßig legitimieren oder kannst du dich auf deine Stellung berufen?

4. Inwiefern machst du dir vor Entscheidungen die Auswirkungen auf alle Beteiligten, jenseits deiner eigenen Rolle, vollumfänglich bewusst?

5. Setzt du deine Macht in sinnvoller Weise ein, auch aus Sicht deiner Mitarbeiter?

6. Wie gut bist du intern vernetzt? Kannst du auf die hellsten Köpfe in deinem Unternehmen zugreifen, mindestens zum Meinungsaustausch oder zur Konsultation?

7. Welche Kompetenzen fehlen dir in deinem Einflussbereich, und welche könntest du hinzugewinnen, indem du dein Netzwerk extern erweiterst?

8. Kennst du die Top-Experten in deinem Bereich – auch weltweit? Wie könntest du sie für dein Netzwerk gewinnen?

9. Pflegst du dein Netzwerk bereits strategisch? Mit welchen Maßnahmen könntest du es qualitativ verbessern?

10. Nutzt du jede Gelegenheit zum nachhaltigen Netzwerken? Führst du beispielsweise auch mit ausscheidenden Mitarbeitern positive Gespräche?

6. KAPITEL

Ohren auf! Kommunikation beginnt beim Zuhören

Willkommen im Zeitalter der Interaktion 4.0! Es ist gekennzeichnet von Kommunikation auf Augenhöhe und ohne Scheuklappen. Wo früher Beharren und Rechthaben war, ist künftig Zuhören angesagt. Kommunikationsfähigkeit ist im digitalen Zeitalter erst recht eine Schlüsselkompetenz! Wir prägen eine ganz neue Feedbackkultur. Konfliktpotenziale erkennen und Konflikte entschärfen können ist auch dann Gold wert, wenn Kommunikation über Distanz stattfindet. Führungskräfte werden zu Mentoren und Coaches. Influencer zeichnen sich vor allem durch ihre Kommunikation aus.

Ich sitze in einem Café und beobachte wie so häufig Menschen. Wie sie miteinander oder mit den Medien kommunizieren, die sie bei sich tragen. Unweit von mir sehe ich ein kleines Mädchen von vielleicht fünf Jahren vor einem Rieseneisbecher, den es jetzt zu erobern gilt. Sie ist mit ihrer Mama da, die in gleichem Maße in ihr Smartphone vertieft ist wie das Mädchen in seinen Eisbecher. Während das Mädchen genüsslich löffelnd sein Eis vertilgt, versucht es angestrengt, trotz vollem Mund mit seiner Mutter zu kommunizieren. Es ist nicht leicht, dies ohne Worte zu tun. Ich bin völlig fasziniert, auf welche Art und Weise sich dieses kleine Mädchen körpersprachlich anstrengt, die Aufmerksamkeit der Mutter zu erringen – leider ohne Erfolg.

Diese Situation ist eines von vielen Beispielen, wie stark wir mittlerweile von unseren elektronischen »Helferlein« gefangen genommen werden und welche Signale wir dadurch an andere übermitteln. Was nimmt das kleine Mädchen in diesem Moment von der Mutter auf – was lernt es von ihr? Dass persönliche Kommunikation nicht zwingend erforderlich ist? Dass es selbst weniger wichtig ist als die elektronische Kommunikation mit Fremden? Dass es übersehen wird, wenn es sich nicht durch laute Klingeltöne aufdrängt?

Wenn wir dieses Beispiel in den Businessalltag übertragen – was zeigt uns das? Wie häufig übersehen wir die kommunikativen Kontaktaufnahmen unserer Mitarbeiter? Welche bedeutenden Signale übersehen wir, die für unsere Beziehungen im Team wesentlich sind? Peter Vullinghs, der DACH Chef bei Philips, saß nach der Umgestaltung mittels des bereits beschriebenen Projekts »Workplace Innovation« nicht mehr in einem Chefbüro im 17. Stock mit Blick auf die Außenalster, sondern mitten unter seinen 1200 Mitarbeitern. Warum hatte er diese gestalterische Entscheidung getroffen? Er traf sie, um die Beziehungen zu seinen Mitarbeitern zu vertiefen. Er wollte frühestmöglich erkennen, wo es Schwierigkeiten gibt, wo sich ein Konflikt anbahnt, welche Signale seine Mitarbeiter einander sendeten. Er tat es, um am Puls der Dinge zu sein – mittendrin statt nur dabei.

Die Kommunikation ist das grundlegende Bindemittel zwischen Menschen und gleichzeitig die größte Herausforderung. Da sie auf Aktion und Reaktion der Beteiligten beruht, ist ihr Gelingen auch von allen beteiligten Kommunikationspartnern abhängig. Wie jeder im Laufe seines Lebens vielfach erlebt hat, dient sie dem Austausch von Informationen und Gefühlen und sorgt aufgrund der vielen persönlichen Bewertungen und Missdeutungen regelmäßig für Missverständnisse und Fehlinterpretationen. Maßgeblich in unserer Kommunikation mit Menschen ist nicht, was wir äußern, sondern vielmehr, was unsere Gegenüber verstanden haben – was bei ihnen ankommt. Der Verhaltenspsychologe Konrad Lorenz beschrieb den Zusammenhang in seiner viel zitierten Aussage so: »Gedacht heißt nicht immer gesagt, gesagt heißt nicht immer richtig gehört, gehört heißt nicht immer richtig verstanden, verstanden heißt nicht immer einverstanden, einverstanden heißt nicht immer angewendet, angewendet heißt noch lange nicht beibehalten.«

Unser Zeitalter mit all seinen Möglichkeiten, digital zu kommunizieren, macht es uns paradoxerweise schwerer, unser Gegenüber zu verstehen. Die Signale, die das persönliche Gespräch übermittelt, werden auf digitalen Kanälen deutlich reduziert, was weitaus leichter zu Fehlinterpretationen führen kann. Wie Missverständnisse in der Kommunikation entstehen, macht uns folgende Formel bewusst: Wir sprechen in einer Minute im Durchschnitt 150 Wörter, während in der gleichen Zeit allerdings 900 Wörter durch unser Hirn wabern. Das heißt, wir benutzen Filter, um aus diesen 900 Wörtern die richtigen 150 Wörter auszuwählen. Aufgrund dieser gezwungenermaßen sehr subjektiven Filterung sinkt allerdings wiederum die Chance, dass das, was wir eigentlich ausdrücken wollen, beim Gegenüber auch so ankommt. Oscar Trimboli vergleicht in seinem Buch *Deep Listening – Impact beyond words* die Arbeit unseres Gehirns mit einer Waschmaschine. Jede Waschmaschine hat einen Zulauf und einen Ablauf. Welche Wörter von den 900 im Zulauf wählen wir für den Ablauf aus? In einem Gesprächsablauf erkennt man Schlüsselsätze, die zeigen, dass wir es als Empfänger nur mit »Konzentraten« aus dem Kopf des Gegenübers zu tun haben, die er oder sie bereits vorgefiltert hat. Im Gespräch geben wir diesen Prozess als Absender sogar zu erkennen durch Anmerkungen wie »was ich eigentlich sagen wollte…« oder »an der Stelle möchte ich noch ergänzen oder hinzufügen …«.[1]

> »Der Influencer Leader lernt seine Mitarbeiter kennen, indem er beobachtet und zuhört.«

In der Regel ist uns diese defizitäre Übermittlung unserer Botschaften nicht bewusst. Aus diesem Grund überprüfen wir meist nicht, was beim Gegenüber tatsächlich angekommen ist. Ein wesentlicher Aspekt der guten Kommunikation, um dieses Defizit wieder auszugleichen, ist daher das aktive Zuhören. Viele bezeichnen diese Fähigkeit sogar als unausgesprochene Macht. »Der Zuhörer ist ein schweigender Schmeichler«, postulierte schon Immanuel Kant.

Leider gehört das Zuhören nicht zu den großen Stärken deutscher Chefs – obwohl es mittlerweile einige Studien dazu gibt, die diese Kompetenz als regelrechten Karriere-Booster bezeichnen. Laut einer Untersuchung der Akademie für Führungskräfte sind Vorgesetzte im Schnitt schlechte Zuhörer. Sie hätten zwar Ohren, so die Autoren – sie verwendeten sie nur leider nicht zum Zuhören. Bei jedem vierten Unternehmenslenker seien es pro Woche nur knapp 30 Minuten.[2] Da verwundert es nicht, wenn von den Mitarbeitern gleichzeitig mangelndes Feedback angeprangert wird. Wie sollten ihre Chefs auch Feedback geben, wenn sie gar nicht zuhören und mitbekommen, was gerade los ist? Dieses Scheuklappenverhalten des Chefs führt bei vielen zu einer großen Unsicherheit. Ein erheblicher Teil der Mitarbeiter ist gleichzeitig der Meinung, dass ihr Boss sich selbst am liebsten reden hört – und zwar über das, was ihm selbst gerade wichtig ist.

Ich weiß nicht, wie es dir geht: Dass sich jemand um Kopf und Kragen gehört hätte, ist mir tatsächlich noch nie zu Ohren gekommen. Warum wohl? Für viele Mitarbeiter und Vorgesetzte bilden die Jahresgespräche nach wie vor die kommunikativen Highlights des Jahres. Hier kann man als Mitarbeiter wenigstens davon ausgehen, dass sich beide Gesprächspartner Zeit dafür nehmen und auch vorbereiten. Laut einem Artikel der *WirtschaftsWoche*[3] bilden Mitarbeiter, die sich auf dieses Gespräch freuen, dennoch eher die Ausnahme. Die meisten erwarten eher negative Kritik und sehen das Gespräch als eine Art Alibi-Termin an, der sowieso keine Auswirkungen auf das weitere Vorgehen hat. Laut dem Magazin *CIO* waren in einer Umfrage der Unternehmensberatung metaBeratung GmbH unter 1100 Arbeitnehmern in Deutschland tatsächlich 61 Prozent davon überzeugt, dass das Jahresgespräch von den Vorgesetzten als reine Pflichtübung abgehandelt wird. Noch tragischer zu bewerten ist, dass die fehlende Verbindlichkeit der Führenden erschreckend ist. Ein Großteil der Befragten war der Meinung, dass die besprochenen Inhalte des so wichtigen Jahresgesprächs schnell in Vergessenheit geraten. Vier von fünf Befragten – ganze 79 Prozent! – bezeichneten das Jahresgespräch als kommunikative Einbahnstraße.[4]

Dieses Bossy-Verhalten, das hier zutage tritt, lässt sich durch Studien belegen: Macht fördert autistische Züge. Untersuchungen beweisen: Je mächtiger Menschen werden, desto »tauber« werden sie für die Belange anderer. Francesca Gino, Leigh Plunkett Tost und Richard Larrick machten in Experimenten eine erschreckende Entdeckung: Jedes Mal, wenn ihre Probanden so etwas wie Macht gegenüber der Gruppe der anderen Teilnehmer verspürten, wurden sie unwilliger, den anderen zuzuhören, geschweige denn auf sie zu hören – und umgekehrt.[5]

Aktive Zuhörer führen besser

Jede zielführende Kommunikation beginnt mit aktivem Zuhören. Dies dient nämlich nicht nur der Informationsaufnahme, sondern auch der Wertschätzung meines Gegenübers – was sich zwischen Vorgesetzten und Mitarbeitern beziehungsfestigend auswirkt.

Das heißt übersetzt, dass ich als Influencer Leader jeden kommunikativen Austausch mit meinen Mitarbeitern zur Beziehungspflege nutzen will. Weil ich im digitalen Zeitalter viel weniger persönliche Gespräche führe, da wir uns alle so häufig der digitalen Medien bedienen, ist die Beziehungsebene nicht etwa weniger wichtig, ganz im Gegenteil: Es ist anspruchsvoller geworden, Beziehungen aufrechtzuerhalten und zu pflegen. Im persönlichen Zwiegespräch aber kann ich entstehende Konflikte oder eine wachsende Distanz in der Beziehung zum Mitarbeiter viel besser erkennen und entschärfen.

Die beste und einfachste Art, aktiv zuzuhören, besteht aus drei Elementen: dem Beobachten, dem Verstehen und – erst an dritter Stelle – dem Antworten. Die Körpersprache ist dabei wesentlich: Beim Beobachten halte ich konzentrierten Augenkontakt (nicht auf das Smartphone) und achte dabei auf meine und die körpersprachlichen Signale des Gegenübers. Motivierend und vertrauensbildend ist in regelmäßigen Abständen ein zustimmendes Nicken. Damit ich sicher bin, dass ich meinen Gesprächspartner verstanden habe, ist

Nachfragen nicht nur erlaubt, sondern erforderlich. Ein empathischer Zuhörer versteht es auch, »zwischen den Zeilen« Bedürfnisse des Kommunikators herauszuhören. Es geht darum, eine andere Perspektive einzunehmen, nämlich die des Gesprächspartners. Als aktiver empathischer Gesprächsteilnehmer ist es unsere Aufgabe, »zwischen den Zeilen« herauszuhören, ob wir auf gewisse Gefühle unseres Partners Rücksicht nehmen sollten. Das sogenannte empathische Zuhören sorgt dafür, dass das, was wir übermitteln wollen, nicht nur ankommt, sondern auch angenommen wird. Die wertschätzende Art der Gesprächsführung macht das Gegenüber offener und aufnahmebereiter und sorgt für eine positive Grundhaltung bezüglich des Gesprächsthemas.

> **»Wenn ich auf jemanden Einfluss nehmen will, muss ich zuerst verstehen, was ihn bewegt.«**

Laut Experten besteht ein wesentlicher Bestandteil für qualitativ gutes Zuhören im sogenannten Paraphrasieren: Dabei wird mündlich zusammengefasst, was unser Gesprächspartner übermittelt, bevor wir selbst etwas sagen. Wichtig ist, dabei keine Bewertung einfließen zu lassen. Auf diese Weise führe ich meinem Gesprächspartner noch einmal vor Augen bzw. Ohren, wie seine Äußerung bei mir angekommen ist.

Im persönlichen Gespräch helfen uns Mimik, Gestik, Blicke, Haltung und Tonalität zusätzlich zu den Worten, das Gesagte besser zu verstehen. Bei der digitalen Übermittlung von Botschaften fehlen meist eine oder mehrere dieser zusätzlichen Ebenen mehr oder weniger vollständig. Das kann zu ernsthaften Verständigungsproblemen führen. Immerhin fehlen uns Informationen, um zu erkennen, wie der Gesprächspartner unsere Worte aufnimmt und interpretiert.

Das zeigt ein simples Beispiel aus dem täglichen Business: eine Skype-Konferenz, die ohne Bildübertragung stattfindet. »Macht das überhaupt Sinn?«, magst du fragen. Doch ich erlebe regelmäßig, dass nicht alle Mitarbeiter mit Bildübertragung arbeiten wollen –

und dass ihre Vorgesetzten damit nicht gut umgehen können. Kürzlich hatte ich ein Gespräch mit einem jungen Businessanalysten in einem internationalen Konzern. Er und sein Team kommunizieren selbstverständlich täglich mit ihren Teamkollegen, die über die ganze Welt verstreut sind – ausschließlich über Skype. Auf meine Nachfrage, ob sie dabei mit oder ohne Bildübertragung arbeiten, war die entrüstete Antwort: »Natürlich ohne!«

Vom Sinn oder Unsinn einer Skype-Konferenz ohne Bild einmal ganz abgesehen: Wenn Teams fast ausschließlich über die Tonspur kommunizieren, wirkt das auf Dauer viel weniger teambildend als regelmäßige Gespräche von Angesicht zu Angesicht, sei es live oder digital. Die Bildinformationen könnten Vorgesetzten zum Beispiel dabei helfen, auch die Reaktionen eher introvertierter Team-Mitglieder »im Auge« zu haben und gegebenenfalls dafür zu sorgen, dass sie ebenfalls zu Wort kommen und ihre Meinung mit in die Entscheidungsfindung einfließen kann.

Aktive Zuhörer hören »zwischen den Zeilen«

Kommunikation ist vielschichtig. Sie lebt letztendlich davon, dass das Gesprochene auch umgesetzt wird. Was nützt es meinen Mitarbeitern, wenn ich mich hervorragend mitteilen kann, aber die besprochenen Details nicht umsetze oder mich letztlich nicht so verhalte wie versprochen? Im Englischen gibt es dafür einen Ausdruck: »Walk the talk«. Er drückt aus, dass man das, was man spricht oder verspricht (»talk«), auch umsetzt (»walk«), also auch den Weg des Versprochenen geht.

Im digitalen Zeitalter könnte ich als Vorgesetzter zum Beispiel darauf bestehen, dass digitale Endgeräte – zumindest bei wichtigen Meetings – nicht benutzt werden. Der bereits genannte Autor Oscar Trimboli war früher als Führungskraft bei Microsoft in Australien tätig. Er äußerte in seinem Podcast[6] die Überzeugung, dass das bewusste Zuhören in der Wirtschaft für immense Kosteneinsparungen sorgen würde. Auch viele Krisen führt er darauf zurück, dass es genau an dieser Fähigkeit zwischen Gesprächspartnern in Unternehmen fehlt. Ein Beispiel: Während seiner Zeit bei Microsoft gab es ein bedeutendes Meeting eines Microsoft-CEOs und zehn lokaler Executives. Der CEO hatte einen Flugmarathon von mehr als 20 Stunden hinter sich gebracht und traf sich danach dennoch direkt mit den anderen Teilnehmern im Konferenzraum. Kurz nachdem das Meeting begonnen hatte, entschuldigte er sich, stand auf, nahm sein Handy aus der Tasche, schaltete es aus und ging demonstrativ an die Tür, um es dort abzulegen, berichtete Trimboli. Interessant ist, was dann geschah: Sieben der zehn anderen Manager folgten seinem Beispiel; die anderen schalteten ihre Smartphones in den Flugmodus.

> **»Aktiv zuhören geht nur ohne Smartphone in der Hand.«**

So effektiv können Leadership-Influencer das Verhalten anderer beeinflussen – indem sie als Vorbild wirken!

Wir machen uns oft nicht bewusst, wie selbstverständlich unsere Mitarbeiter uns als Führende nach unserem Verhalten, also der Kongruenz von Worten und Taten, bewerten: Für welche Werte steht mein Chef nach eigener Aussage, und lebt er sie auch? Bewusst oder unbewusst läuft immer ein Check in unserem Hirn ab, der diese Kongruenz prüft – und zwar auf Verbindlichkeit! Daran werden wir als Chefs gemessen. Influencer sind sich dessen nicht nur bewusst – sie arbeiten aktiv mit diesem Bewusstsein.

Wenn ich als Vorgesetzter auf diese Kongruenz achte, werde ich als Chef glaubwürdiger. Diese Signale sorgen nicht nur für ein positives Bild bei meinen Mitarbeitern, sondern geben ihnen auch Sicherheit. Genau dadurch werde ich zu einem wirkungsvollen Influencer meines Teams; ansonsten bleibe ich nur ein guter, im besten Fall sympathischer Redner.

In der Kommunikation mit deinem Team geht es auch darum, all die anderen Faktoren des Influencer Leaderships® zur Geltung zu bringen, die in diesem Buch zur Sprache kommen. Durch deine Kommunikation kannst du deinen Mitarbeitern zeigen, welche

Freiräume du ihnen lässt, wichtige Informationen, aber eben auch Emotionen und Eindrücke oder Interessen zu teilen. Kommunikation ist auch die Grundlage, um Ideen zu entwickeln, Gedanken auszutauschen, zu spinnen und Visionen zu erschaffen. Jedes Gespräch sollte deinem Team vermitteln, dass zwischen euch Offenheit herrscht und Gedanken nicht zensiert werden. Einen Menschen kannst du nur nachhaltig beeinflussen, wenn die Beziehung stimmt. Als Vorgesetzter willst du erkennen, welche Ziele der andere hat. Erst dann kannst du ihm zeigen, wie er dahin kommt. Insofern kann jedes Gespräch die Weiterentwicklung des Einzelnen und der Abteilung fördern oder zerstören. Zuhören, Wertschätzung und Offenheit sind wichtige Führungsinstrumente!

An dieser Stelle kommt die große kommunikative Herausforderung des digitalen Zeitalters ins Spiel: die fehlende Rückmeldung insbesondere bei der schriftlichen digitalen Kommunikation in E-Mails und bei der Nutzung von Messengerdiensten. Es ist wichtig, sehr genau auf Signale zu achten, die uns zeigen, dass unter Umständen etwas schiefgelaufen ist: Plötzlich dauert eine Mail länger als bisher, die Antwort ist ungewohnt sachlich formuliert, plötzlich sind mehr Leute in CC als zuvor – diese neuen Antennen besitzen wir alle inzwischen, doch wer ist ihr Meister? Immer, wenn solche Signale auftauchen, deutet das auf irgendeine Art von Schieflage in der Kommunikation hin.

In diesem Fall solltest du umgehend einen »Medienwechsel« herbeiführen! Ruf an, statt eine weitere Mail zu schreiben; klopf an die Tür, statt von Büro zu Büro per Messenger zu kommunizieren, obwohl der andere im Raum nebenan sitzt.

Du kennst das aus eigener Erfahrung: Die menschliche Stimme übermittelt so viel mehr Informationen als eine E-Mail; kommen noch Mimik und Körpersprache hinzu, sind es noch viel mehr, die dir verstehen helfen. Kommunikation, auch ohne vorgeschaltete digitale Filter, verlangt ein hohes Maß an Achtsamkeit!

Herausforderung: Mich selbst verstehen, damit ich andere verstehe

Achtsam kommunizieren heißt zunächst einmal: Präsenz zeigen. Diese Präsenz bedeutet ein tiefgreifendes Erleben der Kommunikation, offen und mitfühlend. Offen heißt: Ohne gleich zu werten, was wir erfahren, erst einmal das annehmen, was übermittelt werden soll. Es bedeutet auch, die richtigen Fragen zu stellen, damit der Gesprächspartner erkennt, dass ich interessiert bin – nur dann wird er sich vertrauensvoll öffnen.

Bevor wir uns jedoch auf den Gesprächspartner so einlassen können, heißt es, sich unserer eigenen Gefühle und Reaktionen, aber auch Bedürfnisse bewusst zu werden. Und hier fängt das Dilemma an, denn die meisten schieben ihre Emotionen im Führungsalltag eher von sich weg. Ein großer Fehler! Wenn wir nicht bewusst und offen mit uns selbst und unseren Bedürfnissen umgehen, gelingt uns das bei anderen erst recht nicht. Selbstreflexion und Selbst-Bewusstsein sind die Basis für einen wertschätzenden Umgang mit anderen.

Wie kannst du selbst besser mit dir umgehen? Stell dich deinen Gedanken, deinen inneren Bewertungen, aber auch deinen Erwartungen und Wünschen. Übrigens gehen wir meist viel zu hart mit uns selbst ins Gericht: Wir sind anderen Menschen gegenüber häufig toleranter als uns selbst gegenüber. Was nimmst du beim Nachdenken über aktuelle Themen und Herausforderungen in deinem Team bei dir selbst wahr? Je mehr du lernst, zwischen Wahrnehmung und Interpretation zu unterscheiden, desto besser gelingt dir das auch bei deinen Mitarbeitern. Je klarer du erkennst, welche Erwartungen, Gefühle und Denkmuster dich antreiben, desto bewusster und offener reagierst du darauf auch bei anderen.

Nur wenn wir unseren Gesprächspartnern präsent, wertfrei, offen und interessiert folgen, schaffen wir die Verbindung, die erforderlich ist, damit unsere Kommunikation gelingen kann und beim anderen ein Interesse entsteht, uns zu folgen wie einem Influencer, den wir für seine Botschaften schätzen.

Ein Hinweis ist an dieser Stelle wichtig: Es geht nicht darum, immer zwanghaft harmonisch zu kommunizieren. Stell dich auch Konflikten, geh sie offen und bewusst an. Das ist nicht nur ein Persönlichkeitstraining für dich, sondern auch Beziehungspflege. Du kennst das aus dem privaten Bereich: Wenn du mit jemandem Ärger hattest und den Konflikt offen ansprichst, wird die Beziehung dadurch eher gefestigt als gestört.

So beinhaltet jedes Gespräch laut Experten sogenannte Untergrundströmungen. Gregory Kramer, Begründer des »Einsichts-Dialogs«, hat, inspiriert von östlichen Weisheitslehren, einmal drei Motivationen formuliert, die uns Menschen antreiben und für unsere Kommunikation verantwortlich sind. Zuerst einmal sind wir Menschen in unseren Gesprächen darauf aus, dass wir angenehme Emotionen empfinden, die durch den zwischenmenschlichen Kontakt entstehen. Umgekehrt haben wir natürlich auch Angst vor Einsamkeit. Dies erklärt sich ganz einfach damit, dass Menschen soziale Wesen sind, die die Interaktion mit anderen suchen. Des Weiteren suchen wir nach Sicherheit und wollen überleben. Dieser Wunsch drückt sich in dem Bedürfnis aus, gesehen und anerkannt zu werden. Man weiß, dass Säuglinge, die gut genährt werden, aber keine emotionale Zuwendung erfahren, sterben. In diesem Punkt ist unser Streben also begründet in der Angst vor Unsichtbarkeit. Und schließlich gleichzeitig das Streben nach Flucht. Denn irgendwo in uns schrecken wir zurück vor dem echten Kontakt, vor dem Gesehenwerden. Wir fühlen uns minderwertig und haben Angst, bloßgestellt zu werden, wenn wir uns jemandem zu stark öffnen.[7]

> »Erwarte keine Spitzenleistung von ausschließlich digitalen Teams! Es geht nun mal nicht ohne persönliche Touchpoints.«

Viele unserer Konflikte im zwischenmenschlichen Bereich lassen sich auf diese Motivationen zurückführen. Darauf beruhend ist es kein Hexenwerk, achtsam mit sich selbst umzugehen. Frag dich beispielsweise bewusst: Bin ich gerade für meine Mitarbeiter präsent (also zum Beispiel nicht am Smartphone)? Was denke ich über die aktuelle Hürde in der Projektplanung? Wie stehe ich angesichts meiner Werte zu dieser Situation? Wie klingt meine Stimme, und welche Körpersprache zeige ich gerade? Kommuniziere ich gerade kontrolliert? Habe ich Bedenken, das Falsche zu sagen? Wie reagiert der andere auf meine Worte?

Eine Erkenntnis spricht übrigens Bände: Bei der Kommunikation über digitale Medien wird kaum Oxytocin ausgeschüttet – ein Hormon, das wir brauchen, um uns gut zu fühlen. Einige Experten bezeichnen es auch als unser »Kuschelhormon«. Dieses Bindungshormon stärkt unser Vertrauen in unsere Gesprächspartner und fördert unsere sozialen Beziehungen. Es spielt insofern für das Zusammenleben der Menschen eine große Rolle, als es prosozial wirkt und das positive Miteinander fördert. Ihm wird sogar nachgesagt, dass es angstlösend wirken kann. So schön und unkompliziert für viele das sogenannte »Remote-Arbeiten« oder »Homeoffice« sein kann: Hin und wieder brauchen wir den persönlichen Austausch, um uns gut und als Teil eines Teams wertgeschätzt zu fühlen. Gerade vom eigenen Chef!

FOMO: Unsere Angst, etwas zu verpassen

Wir haben gelernt, dass unsere Kommunikation ihren Ausdruck in unserem Führungsstil findet. Insofern gibt sie auch Aufschluss darüber, wie ich als Chef angesehen bin. Das bedeutet: Meine operative Führung definiert meinen Status als Führender. Das ist eine Erkenntnis, die wir gar nicht überschätzen können. Bleibt natürlich die Frage: Wie beeinflusst die Art, wie ich führe, mein Standing?

Die Antwort findest du im Verhalten deiner Mitarbeiter: Inwiefern werden die Vorschläge und Impulse, die du gibst, von deinem Team auch umgesetzt – in der Sache, aber auch in der Arbeitsweise, der Haltung, der Kommunikation intern und extern? Kannst du erkennen, dass deine Mitarbeiter nicht nur deine Anweisungen ausführen, sondern sich fachlich und menschlich auch ein Beispiel an dir nehmen?

Den Unterschied zwischen Ja und Nein macht hier, neben deiner vorgelebten Haltung, vor allem deine Kommunikation. Viele Führungskräfte könnten ein viel besseres Image bei ihren Mitarbeitern haben, wenn sie ihrer Kommunikation mehr Zeit widmen würden. Doch leider gibt es heute unendlich viele Gründe, anders zu priorisieren.

Setz alles daran, dass du nach Möglichkeit nur gute Gespräche führst. Gar nicht so leicht in einer Zeit, in welcher alle keine Zeit mehr haben. Viele von uns sind von einem Phänomen betroffen, das seinen Anfang schon vor der digitalen Ära nahm, durch sie aber erst Richtung Fahrt aufgenommen hat: FOMO – Fear of missing out, zu Deutsch: die Angst, etwas zu verpassen. Wenn Menschen ständig mit ihrem Smartphone beschäftigt sind, alle fünf Minuten ihre E-Mails checken, bei jeder neuen Internet-Challenge mitmachen müssen und gar nicht anders können, als auf jedes »Ping« ihres Geräts auf der Stelle zu reagieren: Das ist FOMO. Aber auch im direkten menschlichen Miteinander drückt die Angst, etwas zu verpassen, sich aus: etwa wenn wir erfahren, dass sich Freunde oder Kollegen zum Wein treffen und wir nicht dazu eingeladen sind. Grundsätzlich handelt es sich um eine Art soziale Besorgnis oder Angst, ausgeschlossen zu sein, etwas nicht mitzuerleben, nicht auf dem Laufenden sein, die alles entscheidende Chance zu verpassen.

Um ehrlich zu sein: FOMO ist so alt wie die Menschheit, da wir Menschen uns schon immer in Gruppen organisieren, aber nur zeitweise Teil davon sind. Allerdings hat diese Angst im digitalen Zeitalter ihren bisherigen Höhepunkt erreicht, da wir durch die digitalen Medien stärker in diesem Bewusstsein getriggert werden. Wir erhalten mehr Informationen über Veranstaltungen und neue Trends, sind immer in Echtzeit auf dem Laufenden, wer woran teilnimmt oder etwas noch Wichtigeres vorhat … Viele sind mittlerweile getrieben von der ständigen inneren Unruhe. Wir hetzen von Ereignis zu Ereignis und können gar nicht mehr ermessen, ob und was uns das einzelne Event eigentlich nützt und ob der neueste Trend für uns relevant ist. Deshalb geht mit diesem Phänomen oft auch der Verlust der Fähigkeit einher, den Augenblick zu genießen.

Das einfachste Gegenmittel, und doch so schwer umzusetzen: Schalt dein Smartphone bewusst zeitweise auf lautlos und deaktivier mindestens zeitweise die Push-Benachrichtigungen. Mindestens in Phasen der fokussierten Aufgabenbearbeitung, aber auch der bewussten Regeneration solltest du das tun. Und bei noch einem alltäglichen Anlass solltest du dringend die Finger vom Smartphone lassen und dich ganz auf den Moment konzentrieren: bei der Kommunikation mit deinen Mitarbeitern. Denn die spüren sofort, ob du bei der Sache bist oder nicht. Influencer mögen Trendsetter sein – doch ohne die Fähigkeit, sich auf das Wesentliche und auf die Menschen zu fokussieren, die sie zu Influencern machen, sind sie verloren.

»Sich ganz auf das Gegenüber und den Moment konzentrieren – das bringt uns weiter.«

Allzu oft stolpern wir im Alltag unvorbereitet in Gespräche. Doch ein gutes Gespräch fängt mit der Planung an. Ob du vorbereitet bist, erkennt dein Gesprächspartner daran, dass du seine oder ihre Bedürfnisse berücksichtigst. Kommunikationsstarke Führende machen sich im Vorfeld Gedanken darüber, wie ihr Gegenüber kommunizieren möchte. Schließlich gibt es Menschen, die sich im Zweiergespräch mit dem Chef im Büro nicht recht entspannen. Wird es aber nach der Arbeit bei einem Bier geführt, sind sie offener. Andere benötigen einen Vorlauf, um sich auf den Austausch vorzubereiten, wieder andere klären lieber alles sofort. Fast jeder dagegen wird enttäuscht sein, wenn der Vorgesetzte den lange geplanten Gesprächstermin mal eben via SMS oder WhatsApp verschiebt …

Auch, über welchen Kanal die Kommunikation stattfindet, solltest du sorgfältig im Einzelfall abwägen. Oft wird dies bereits durch den Gesprächsinhalt bestimmt: Bei Übermittlung von Informationen im Projektalltag sind die digitalen Kanäle oft hilfreich. Bei aufgeladenen Themen oder gar Konflikten sollte man immer das persönliche Gespräch wählen und nie die WhatsApp-Gruppe.

Auch für solche Entscheidungen, die auf Dauer eine bestimmte Kommunikationskultur in deinem Umfeld prägen, trägst du als Entscheider die Verantwortung: Wann macht die digitale Kommunikation Sinn, wann ist der persönliche Touch mal wieder erforderlich? Es gibt Mitarbeiter, die ein ruhiges Umfeld für das Gespräch benötigen. Wieder andere wollen keine Gespräche beim Mittagessen führen. Manche können damit umgehen, wenn bestimmte Probleme im Team diskutiert werden, andere wiederum gar nicht. Menschen ticken unterschiedlich; Führung sollte Rücksicht darauf nehmen. Der Kommunikation in jedem Einzelfall den richtigen Rahmen zu geben, gehört zu den Stärken eines Influencers. Schließlich geht es nicht allein darum, Botschaften zu übermitteln, sondern auch darum, auf die Beziehungsebene einzuzahlen. Nicht immer spart die digitale Kommunikation tatsächlich Zeit, wie wir glauben: Wenn wir digital kommunizieren und dieser Austausch wird fehlgedeutet, kann es uns weitaus mehr Zeit kosten, dieses Missverständnis wieder auszuräumen, als ein kurzes Gespräch gebraucht hätte.

Dazu gehören natürlich auch die Botschaften, die dich persönlich betreffen: Wie kannst du auf deine Mitarbeiter bestimmt und gleichzeitig fair und sympathisch wirken? Wie wirkt deine Telefonstimme? Wie formulierst du deine E-Mails?

Richtig angewendet, kann die digitale Kommunikation uns das Leben um vieles leichter machen – solange wir uns ihrer Grenzen bewusst sind. Ich will dich hier lediglich für die Gefahren sensibilisieren, die darin lauern.

Stell dir folgende Situation vor: Mitarbeiter Michael nimmt von New York aus an einer Skype-Konferenz teil. Sein Kollege Chuan schaltet sich zu nächtlicher Stunde in Hongkong zu. Während der New Yorker Kollege ausgeschlafen ist, ist der in Hongkong schon müde. Der Dritte im Bunde ist Marc in Frankfurt, der nervös ist, weil er gleich noch seine Kinder zur Schule bringen muss, und hofft, dass die Konferenz nicht zu lange dauert. Alle arbeiten auf dasselbe Ziel hin – aber unter sehr unterschiedlichen Voraussetzungen, die sich in diesem Moment auch emotional auswirken. Solche Konstellationen sind heute keine exotischen Einzelfälle mehr; sie werden zunehmend zur Norm. Hier ist empathische Gesprächsführung erforderlich, sonst sorgen Missverständnisse schnell für Irritation. Häufig ist diese Ausgangslage in internationalen Konzernen noch begleitet von wechselnden Kollegen und unter Umständen auch einem eher unpersönlichen Arbeitsklima. In einem solchen Umfeld ist es für eine erfolgreiche Zusammenarbeit unerlässlich, die irritierenden Faktoren so weit wie möglich zu reduzieren. Wenn wir uns dessen bewusst sind und entsprechend handeln, profitiert unsere Kommunikation davon enorm.

Bei unserer Metastudie, die mehr als 100 000 Befragte umfasst,[8] steht die Kommunikationsfähigkeit mit großem Abstand an erster Stelle der Kompetenzen, die eine Führungskraft heute erfolgreich machen, unmittelbar gefolgt von der Menschen- bzw. Mitarbeiterorientierung!

Es ist noch nicht lange her, dass ich für eine international führende Wirtschaftsprüfungsgesellschaft arbeitete. Ich erinnere mich noch gut an ein Gespräch mit einer Mitarbeiterin, die Teil eines virtuellen Teams war. Bei ihr erkundigte ich mich genau nach diesem Thema: Wie klappte die Kommunikation mit ihren Kollegen, welche Erfahrungen macht sie dabei? Sie erklärte mir, dass sie sich alle hervorragend darauf verstünden, digital zu kommunizieren – und zwar im Business und privat. Schließlich hatte das Unternehmen entsprechende technische Vorkehrungen und Kanäle hierfür geschaffen. Doch einmal gelang es ihnen nach langer Vorbereitungsarbeit, dass sich das virtuelle Team endlich vollständig persönlich gegenübersaß. Endlich konnte sie live erleben, wie ihr Kollege in Indien reagierte, wenn er sich über etwas freute oder auch nicht. Endlich konnte sie ihm in die Augen sehen, statt sich mit einem Emoji zu begnügen. Es sei erstaunlich gewesen, berichtete sie, wie sehr dieses persönliche Treffen die Qualität der Arbeit zum Positiven beeinflusst habe. Das

>>Wahre Influencer mischen sich aktiv unter ihre Follower und haben das Ziel, dass diese auch untereinander agieren.<<

digitale Zeitalter ermöglicht uns Kommunikation über zeitliche und örtliche Grenzen hinweg – doch wir sollten uns auch bewusst sein, welche Möglichkeiten der Kommunikation es im Gegenzug reduziert. Nur dann können wir erfolgreich kommunizieren – immer so, wie die Situation es gerade erfordert. Viel zu oft nutzen wir die digitalen Medien sehr unreflektiert – und das ist schlecht für unsere Beziehungen.

Selbst Digital Natives (also Menschen, die mit den digitalen Medien aufgewachsen und in der Regel nach 1990 geboren sind) erkennen an, dass man Missverständnisse und Konflikte besser nicht digital löst. Unlängst erlebte ich bei einem deutschstämmigen, international agierenden Unternehmen eine Gruppe von jungen Führungskräften. Keiner war älter als 31 Jahre, und einer von ihnen führte bereits 120 Mitarbeiter. Vor mir saßen lauter Digital Natives, und ich wagte ein digitales Experiment. Ich teilte die Gruppe in Zweier-Teams, sogenannte Tandems, und gab ihnen eine Aufgabe. Ich leitete die Übung folgendermaßen ein: »Einer von euch ist Mitarbeiter, der andere spielt den Chef. Da ihr den Umgang mit den digitalen Medien gewöhnt und damit aufgewachsen seid, versucht ihr euren Konflikt ausschließlich digital zu lösen. Stellt euch einfach vor, dass der Mitarbeiter ständig zu spät erscheint, egal, ob es sich um Meetings oder Anfangszeiten handelt. Ich bin gespannt, was ihr herausfindet.«

Es vergingen keine zehn Minuten, da fanden sich die Gruppen wieder ein und berichteten ganz aufgebracht: Das geht ja gar nicht! Einen Konflikt kann man nicht auf digitalem Wege lösen! Damit war das erste Learning verankert.

Anschließend wollte ich es allerdings genau wissen: Ich suchte eines der Tandems aus und machte deren WhatsApp-Stream an der Wand für alle sichtbar. Gemeinsam gingen wir jede Frage und Antwort des Chat-Verlaufs im Detail durch. Das Ergebnis war, dass das Tandem nun live ins Diskutieren kam.

»Wie konntest du diese Frage stellen? Da konnte ich doch gar nicht anders reagieren als …«

»Wieso, so war die Frage doch gar nicht gemeint!«

»Was? Wie denn dann? Wie hätte es denn sonst gemeint sein können, wenn nicht als Reaktion auf … Ach so!«

»Ja logisch! Wie hätte ich denn sonst auf deinen Einwand reagieren sollen?«

Und so ging das fröhlich weiter, bis alle Missverständnisse aufgelöst waren, die offline nie entstanden wären.

Das Fazit für mich und die ganze Gruppe: Auch die Digital Natives, die mit den digitalen Medien aufgewachsen sind, sind vor Missverständnissen in der digitalen Kommunikation nicht gefeit. Die digitale Kommunikation kann das Verhältnis zwischen Vorgesetzten und Mitarbeitern ernsthaft in Gefahr bringen, wenn wir uns der Risiken nicht bewusst sind und uns das volle Repertoire der Kommunikation nicht offenhalten.

Die Kommunikation ist der beste Startpunkt, um auf Menschen und ihr Verhalten wirkungsvoll Einfluss auszuüben.

Fazit: Influencer Leader kommunizieren nachhaltig – und podcasten

Die Bedeutung des Zuhörens im digitalen Zeitalter, in dem Aufmerksamkeit eine Währung geworden ist, möchte ich an einem weiteren Influencer-Megatrend veranschaulichen: Podcasting. Podcasts werden besonders hierzulande immer beliebter. Einige der meistgehörten Podcasts bei Spotify stammen aus Deutschland. Die Hörer sind oft äußerst loyal. Splendid Research hat 2018 eine Studie zum Thema Podcast mit mehr als 1000 Deutschen durchgeführt. Dabei gaben 41 Prozent der Follower an, auf diesem Wege schon auf ein neues Produkt aufmerksam geworden zu sein. 37 Prozent nutzen demzufolge Podcasts, um eine neue Kompetenz zu erlernen, 28 Prozent hören aufgrund eines neuen Hobbys zu.[9] Der Einfluss der sprechenden Influencer ist enorm: Offensichtlich gibt es einen großen Bedarf an Inhalten zum Zuhören.

Der Reiz ist leicht nachvollziehbar: Früher, als Radiohörer, waren wir auf einige wenige Themen reduziert, die von den Sendern abgedeckt wurden. Heute bin ich als Hörer verwöhnt und kann meine Hörgewohnheiten ganz gezielt auf das fokussieren, was mich weiterbringt und inspiriert. Hier kommen die Podcasts ins Spiel, die von belanglosem Gequassel bis zum hochwertigen Wissensformat reichen und jeden Geschmack abdecken. Die beliebten Audioformate, die im Flieger, in der Bahn, beim Waldlauf oder beim Putzen abgerufen werden können, gewinnen immer stärker an Bedeutung. Wir nutzen die Podcasts, um uns beim Autofahren parallel weiterzubilden, uns beim Putzen kreativ inspirieren lassen oder bei der Gartenarbeit zu amüsieren.

Der durchschnittliche Podcast-Hörer, so die Forscher, ist eher technikaffin, gut gebildet und bezieht ein überdurchschnittliches Einkommen. Die hohe Loyalität bei Podcasts geht meist mit einer starken Identifikation einher. Der beliebte deutsche Podcast »Fest und Flauschig« wird wöchentlich von mehr als 100 000 Nutzern gestreamt: Bemerkenswert, dass zwei intelligente Menschen, die über Nonsens reden, eine solche Zugkraft entfalten.

Interessant auch für berufliche Formen der Wissensvermittlung in deinem Team: In der Regel werden Podcasts von etwa 20 Minuten Dauer gern gehört. Bei qualitativ hochwertigeren Inhalten nehmen sich die Hörer aber auch gern mal 30 Minuten Zeit.

Wenn auch du dich für Podcasts interessierst: Bei iTunes und Spotify kannst du meinem Podcast »Digital ist egal, was zählt bist du« mit Themen rund um Digital Leadership lauschen. Bei »Business Secrets: Warum Frauen geliked werden und Männern gefolgt wird« spreche ich über Themen, die speziell die weiblichen Führungskräfte berühren. Wem auch immer du zuhörst: Viele Podcasts sind eine großartige Inspirationsquelle, die viele Vorteile des Digitalen und Analogen verbinden.

Von den erfolgreichsten Zuhörer-Magneten kannst du vieles lernen durch, ja: Zuhören! Doch keine Quelle dieser Welt kann die Interaktion ersetzen. Wenn du Influencer Leader werden willst, findest du nur durch nachhaltige Kommunikation heraus, was deine Follower bewegt. Lerne den Menschen achtsam neu zuzuhören! Wenn du die richtigen Fragen stellst und aktiv zuhörst, ohne dich durch die digitalen Medien bei der »analogen« Kommunikation stören zu lassen, sendest du damit bereits wertvolle Signale an deine Gesprächspartner, die sich wahrgenommen und wertgeschätzt fühlen. Denk daran: Sie lernen von deinem Vorbild – als Mitarbeiter, aber auch als spätere Führungskräfte! Das haben die Jobplattform StepStone und das Kienbaum Institut ISM bei einer Studie unter 13 500 Fach- und Führungskräften herausgefunden: Wie Menschen als Mitarbeiter behandelt wurden, spiegelt sich in ihrem eigenen Führungsverhalten.[10]

Als Influencer trägst du große Verantwortung für die Kommunikation in deinem Verantwortungsbereich – mach sie dir bewusst, und vor allem: Nutze sie!

Die Chefs der Zukunft sind keine Befehls-Lautsprecher mehr. Sie übernehmen eher eine Rolle als Coaches und Mentoren, je nach Situation sogar als Gastgeber für ihre Teams und einzelne Mitarbeiter. Sie moderieren, inspirieren und geben Impulse, anstatt zu kontrollieren. All das kannst du nur mit den Mitteln der Kommunikation erreichen. Viele Führungskräfte schrecken vor zu viel Kommunikation zurück in der Sorge, sich angreifbar zu machen. Doch angreifbar heißt eben auch nahbar. Die Führungskraft der Zukunft darf und soll Mensch sein – nicht nur Experte. Damit deine Mitarbeiter sich als Menschen mit ihren Talenten und Bedürfnissen zeigen, musst du ihnen das Menschsein vorleben – trau dich! Du wirst dafür belohnt werden. Die Kombination aus Menschlichkeit und Topexpertise verbunden mit herausragender Kommunikationsfähigkeit ist genau das, was Führung zukünftig auszeichnet.

Gerne lade ich dich mit einigen Kernfragen zur Reflexion über das Thema Kommunikation ein:

 ## Reflexionsfragen

1. Zu welchen Anteilen führst du deine Mitarbeiter digital vs. analog?

2. Wie viele persönliche Gespräche führst du im Schnitt pro Woche, und erscheint dir das angemessen?

3. Inwiefern machst du den Kommunikationskanal vom Thema abhängig?

4. Setzt du die digitalen Mittel immer gezielt oder öfter aus Bequemlichkeit ein?

5. Wie häufig führst du tatsächlich bewusste und achtsame Gespräche, die zu mehr dienen als nur zur Informationsvermittlung?

6. Nutzt du die digitalen Medien auch zur Konfliktlösung? Welche Alternativen hast du?

7. Wie häufig kommt es in deinem Team zu Missverständnissen? Könnte das mit den Kanälen zu tun haben?

8. Wie stellst du sicher, dass deine Mitarbeiter dich verstehen, die empfangene Botschaft also der gesendeten entspricht?

9. Wie stellst du sicher, dass auch eher introvertierte Menschen aus deinem Team »gehört« werden – sowohl in digitalen Meetings als auch in persönlichen?

10. Zeigst du dich bewusst als guter Zuhörer? Was tust du dafür?

11. Glaubst du, deine Mitarbeiter würden dich als Führenden der Kategorie »Walk the talk« einstufen? Warum oder warum nicht?

7. KAPITEL

Influence sucht Präsenz! Die Arbeit an der Eigenmarke

Sichtbarkeit ist Pflicht für Influencer. Follower findet nur, wer sich selbst zu einer Marke macht und sich aktiv vermarktet. Lern von den Gesetzen des Marketings, wie du dich als Führender positionierst! Kompetenz im Umgang mit den relevanten neuen Medien ist eine Grundkompetenz für die Führenden der Zukunft. Wie funktioniert die Online- und Offline-Selbstvermarktung? Vermarktung heißt nicht, sich zu verbiegen – gefragt ist auch online Authentizität. Selbstbewusstsein und Selbstwertgefühl sind wichtige Voraussetzungen für eine starke Wirkung als Influencer.

Die schwedische Umweltaktivistin Greta Thunberg hat erreicht, was kein Umweltminister vor ihr geschafft hat – und das schon mit 16 Jahren! Wie schafft es ein Teenager, eine weltweite Bewegung in Gang zu setzen, was vorher keinem amtlich für die Umwelt Verantwortlichen gelungen ist? Plötzlich stand sie auf der Liste der 25 einflussreichsten Teenager des Jahres 2018 im *Time Magazine* und auf der Liste der 100 Influence-stärksten Persönlichkeiten des Jahres 2019. Sogar mit dem alternativen Nobelpreis wurde sie ausgezeichnet, sprach beim Weltwirtschaftsforum in Davos und bei der UN-Versammlung vor den Mächtigsten der Welt.

Zusammengefasst bedeutet all das vor allem eines: Greta Thunberg ist eine Marke! Ihr Beispiel zeigt, dass theoretisch jeder die Macht hat, etwas zu verändern, Menschen zu bewegen und sich Gehör zu verschaffen, wenn gewisse Bedingungen erfüllt sind. Menschen folgen gern Menschen, wenn sie Sinn stiften und authentisch wirken.

Menschliche Marken unterscheiden sich in dieser Hinsicht nicht von anderen Produkt- oder Unternehmens-Marken: Sie stehen für gewisse Eigenschaften und haben hohe Relevanz. Marken haben heute eine herausragende Bedeutung. Die Wirtschaft wird hauptsächlich durch drei Kräfte getrieben: Geld, Innovationen und Marken. Letztere schaffen nicht nur Werte, sondern auch Orientierung für ihre Anhänger, indem sie ihre eigene Identität prägen.[1] Wir verbinden mit den Marken, auf die wir bauen, besondere Qualitätsmerkmale – nämlich jene, die clevere Markenmacher prägen. Dieses Versprechen ist gleichzeitig das, was Menschen fühlen, wenn sie mit »ihren« Marken in Berührung kommen. Wie hat es der amerikanische Theologe und Autor Carl F. Büchner so treffend auf den Punkt gebracht: »They may forget what you said – but they will never forget how you made them feel« – »Sie mögen vergessen, was du gesagt hast – aber sie werden nie vergessen, welche Gefühle du ihnen geschenkt hast.«

Es gibt viele Beispiele dafür, wie erfolgreich Marken unsere Gefühle ansprechen. So steht eine Harley Davidson nicht einfach nur für ein Motorrad, sie verspricht dem Fahrer »Freiheit«. Gummibärchen essen wir alle nicht zuletzt deshalb, weil auf der Verpackung steht: »Haribo macht Kinder froh und Erwachsene ebenso« – damit sind wir aufgewachsen. Die Fastfoodkette Dean & David verspricht ihren Kunden frische Lebensmittel und suggeriert damit gesunde Ernährung: »Fresh to eat«. Würde der Kunde die Frische nicht schmecken und die Freiheit auf dem Motorrad nicht fühlen, hätte das Markenversprechen einen Makel; die Marke wäre nicht mehr glaubwürdig.

Bei menschlichen Marken verhält es sich im Prinzip nicht anders: Sie stehen für ein Versprechen. Nur fällt es den meisten Menschen schwer, aus sich selbst eine Marke zu machen. Das fängt schon damit an, dass sie das Gefühl haben, es sei verwerflich, sich zu vermarkten. Diesem Irrglauben sitzen gerade hierzulande viele Menschen auf. Die Deutschen haben zur Selbstvermarktung eine reservierte Haltung. Dabei sind sie sich oft gar nicht im Klaren darüber, dass sie sowieso ständig Marketing betreiben – und zwar jeder, auch introvertierte Menschen. Denn jede unserer Aussagen, jedes Verhalten, jeder gesprochene Satz, jede Mail und Darstellung on- und offline repräsentieren unsere Haltung und unsere Werte. Alles, was wir tun und sagen, zahlt auf das Gesamtbild unserer Marke ein. Unsere Identität ist uns nicht einfach angeboren; wir gestalten sie in hohem Maße. Sie ist die Summe unserer Aussagen und unseres Verhaltens: Wer sind wir, wofür kämpfen wir, wovon grenzen wir uns ab? Das bedeutet auch, dass Selbstvermarktung nicht zwingend laut ist.

Dass wir uns auch als Führungskräfte – bewusst oder unbewusst – ständig selbst vermarkten, liegt damit auf der Hand. Die Frage ist: Wie gut bist du darin? Es ist höchste Zeit, dass du dich fragst, ob das, wofür du stehst, deutlich wird für die Menschen, die du als Anhänger oder Follower gewinnen möchtest. Denn nur das, was deine Mitarbeiter tatsächlich wahrnehmen, zahlt auf dein Markenbild ein. Deine Zielgruppe entscheidet, ob du es wert bist, dein »Anhänger« zu werden und dir zu folgen. Du musst dafür sorgen, dass sie versteht, was sie davon hat, wenn sie deinem Markenversprechen folgt.

> **»Finde deine Positionierung, frage dich: Für was stehe ich überhaupt?«**

So verspricht beispielsweise ein Start-up-Unternehmen, das als schriller Querdenker positioniert ist, der umtriebig nach neuen Ideen sucht und provokante Thesen aufstellt, etwas anderes als ein Unternehmen, das mit einer gesetzten, erfahrenen Persönlichkeit vergleichbar ist, die ihr Metier von der Pike auf gelernt hat und jede Wandelerscheinung an ihrer umfangreichen Erfahrung misst.

Dieses Prinzip funktioniert unabhängig davon, ob wir von Unternehmen, Produkten oder Persönlichkeiten sprechen: So verbinden wir mit der Modeikone Dame Vivian Westwood andere Fähigkeiten und Werte als mit dem Facebook-Gründer Mark Zuckerberg oder der Umweltaktivistin Greta Thunberg. Jede Person steht für ihre Themen und Leidenschaften, und das in der ihr eigenen persönlichen Art und Weise. Starke Marken besitzen Macht durch ihre Echtheit und unverwechselbare Identität. Sie sind keine Kopien, sie sind einzigartig – auch in der Art und Weise, wie sie dafür einstehen. Greta Thunberg steht für Umweltschutz wie der Umweltminister letztlich auch. Nur tut sie das auf eine Weise, welche die Bevölkerung stärker begeistert, weil sie als glaubwürdiger erachtet wird. Dadurch erreicht sie als Influencer für das Thema einen höheren Stellenwert.

Vielleicht fragst du dich jetzt, was du mit dem Umweltminister oder Greta Thunberg gemeinsam hast? Möglicherweise willst du ja gar nicht in der Öffentlichkeit stehen und dich für ein Thema positionieren. Allerdings möchtest du als Führungskraft Menschen bewegen, in ihrem Verhalten beeinflussen, weiterentwickeln, das Beste aus ihnen herausholen und mit ihnen nachhaltig auf ein gemeinsames Ziel hinarbeiten. Menschen folgen nur Menschen, deren Werte sie respektieren und die ihnen auch persönlich einen hohen Nutzen versprechen. Eine Marke stellt immer ein »must have« dar: Bringt dieser Vorgesetzte mich weiter?

Stell dir die Frage einmal aus ihrer Sicht: Wie hoch ist deine persönliche Relevanz für deine Mitarbeiter? Welcher Ruf eilt dir voraus? Stellst du als Vorgesetzter eher die zurückhaltende Persönlichkeit dar, die allerdings jederzeit ein offenes Ohr für die Belange der Mitarbeiter und gleichzeitig Freude daran hat, die Talente der Menschen im Team miteinander wertvoll zu verknüpfen? Sorgst du dafür, dass sie mit den richtigen Leuten in Kontakt kommen? Hast du Freude daran, andere weiterzuentwickeln? Oder bist du der Vorgesetzte, der als Babyboomer und Digital Immigrant für die digitale Welt offen ist und allen Trends mit Begeisterung folgt, diese selbst ausprobiert und gerne mit den Digital Natives darüber diskutiert? Bist du Innovation oder Stabilität oder beides, und wenn ja, zu welchen Anteilen? Und wie wirkt sich all das auf deine Art zu führen aus?

Wenn du dir darüber einmal klar geworden bist, ist die Fokussierung auf das Wesentliche ein wichtiger nächster Schritt: Welche deiner Stärken möchtest du ins »Schaufenster« stellen? Bedenke, es ist letztendlich nicht anders als bei Joghurt oder Jeanshosen auch: Jeder ist austauschbar – nur der Einzigartige nicht.

Vielleicht hilft dir der Gedanke an deinen eigenen Mentor: An welchen deiner Vorgesetzten erinnerst du dich mit einem guten Gefühl? Welche Werte hat er für dich verkörpert, was hat sie oder ihn als Mensch ausgezeichnet? Wer war dieser Vorgesetzte als Marke – worin lag ihre oder seine Führungsstärke?

Starke Persönlichkeiten haben eine »reason for being«; sie stehen für und zu ihren Überzeugungen. Ihre Werte spiegeln sich deutlich in all ihren Aktivitäten und in ihrem Verhalten. Die Summe all dessen macht ihre »Marke« aus. Wenn andere Menschen sich mit genau diesen Eigenschaften einer Marke, diesen Werten identifizieren können, folgen sie ihr. Eine solche menschliche Marke beeinflusst andere in ihrem Verhalten. Und das wirkt sich nicht nur operativ, sondern auch nachhaltig auf das Team und die Entwicklung des Unternehmens aus: Je nachdem, welche Eigenschaften und Werte ich als Führende vorlebe, ziehe ich auf Dauer auch unterschiedliche Mitarbeiter, pardon: Follower an.

Selbstmarketing ist keine Ego-Show

Für die Studie *The CEO Reputation Premium* von Weber Shandwick in Kooperation mit KRC Research wurden Führungskräfte aus 19 Ländern zum Einfluss der Reputation von CEOs auf die wirtschaftliche Leistungsfähigkeit des Unternehmens befragt. Das Ergebnis: Etwa die Hälfte der Reputation eines Unternehmens ist von der Reputation des CEOs abhängig – Tendenz steigend.[2] Ähnlich wie in der Politik ist es also auch im Unternehmen: Mit den Persönlichkeiten der Regierenden steht und fällt die Außenwirkung des ganzen Landes.

Ein positives und markantes Beispiel ist für mich Richard Branson, der sich als unkonventionell, aufregend und abenteuerlustig positioniert und damit seiner Marke Virgin einen hochgradig individuellen Charakter verleiht. Das Portfolio des Unternehmers besteht u. a. aus Reisebüros, Mobilfunkunternehmen und Radiosendern. Seine Fluggesellschaft Virgin Air stellt eine junge, freche Alternative zu gediegeneren, etablierten Marken wie British Airways dar.

Beide Markenbilder haben ihre Zielgruppe und untermauern damit den Markenwert – ihre Positionierung ist stimmig. Diese Stimmigkeit ist wichtig, damit die Marke nicht verwässert wird. Der Kunde nimmt immer die gleichen Werte und Eigenschaften wahr – die Marke schafft damit Orientierung. Wenn sich der charismatische Kopf an der Spitze auch für die leitenden Positionen Mitarbeiter sucht, die ebenfalls unkonventionell und abenteuerlustig orientiert sind, so potenziert sich die Wirkung der Führung. Jeder Einzelne im Unternehmen zahlt auf seine Art auf diese Ausrichtung ein. Die Mitarbeiter werden zum verlängerten Arm der Führung und zu Botschaftern des Unternehmens.

Gründerpersönlichkeiten, und genauso andere Menschen mit Führungsverantwortung, prägen eine Marke nicht nur durch ihre Werte, sondern manifestieren sie auch durch ihre Taten und Projekte. Durch Handlungen werden Versprechen erst Wirklichkeit. Deine Herzensprojekte spiegeln wider, was dich als Mensch ausmacht. Um festzustellen, was deine persönliche Marke definiert, brauchst du zunächst einmal eines: Mut! Zuerst ist es notwendig, dass du dir darüber klar wirst, was deine eigenen Überzeugungen und Werte sind. Wie ehrlich warst du bisher zu dir selbst?!

>>Der Influencer steht für seine Werte und lebt diese, nur dann wirkt er glaubwürdig.<<

Häufig haben die Menschen, mit denen ich an diesem Thema arbeite, mit diesem Ansatz nicht gerechnet. Oft wird dieser Punkt einfach übersprungen und die meisten starten direkt mit einem ausgefeilten Marketingplan für die eigene Person. Tatsächlich ist es aber sehr wichtig, sich zunächst einmal zu fragen: Woran hast du schon als ganz junger Mensch geglaubt? Welche Themen waren in deiner Persönlichkeit von Anfang an angelegt, ohne dass jemand dich in diese Richtung beeinflusst hätte? Nur so kannst du sicher sein, dass deine Herzensthemen tatsächlich von dir selbst kommen. Nicht selten fallen dann Begriffe wie >>Integrität<< oder >>Vertrauen<< oder >>Menschlichkeit<< als zentrale Lebensthemen – sehr menschliche Züge also, an die wir in der operativen Führung meist nicht zuerst denken. Ich bin regelmäßig überrascht, wie viele Führungskräfte gerne menschlicher agieren würden, aber die Unternehmenskultur gibt dies nicht her.

Nicht selten passiert es, dass die persönlichen Überzeugungen der Führungskraft nicht mit denen des Unternehmens konform gehen – ganz und gar nicht. In solchen Fällen hilft auf Dauer nur die Trennung. Denn es versteht sich von selbst, dass von jedem Chef erwartet wird, dass er sich im Sinne der Unternehmensziele und -werte verhält. Du drückst mit deinem Verhalten und deiner Kommunikation das aus, worum es bei deinem Unternehmen oder deiner Organisation geht. Als Führender ist man immer Unternehmensbotschafter – deshalb ist es so wichtig, dass die Werte zusammenpassen. Und das ist auch der Grund, warum ich bei Selbstvermarktung nicht von einer Art Ego-Show, sondern von einem strategischen Faktor spreche, der geplant werden muss. Was du als Chef durch deine Kommunikation und dein Verhalten repräsentierst, leistet nicht nur deiner Person, sondern auch dem Unternehmen wertvolle Reputationsdienste. Deine Aktivitäten zahlen also nie nur auf deine eigene Marke ein, sondern auch stets auf die des Unternehmens.

Sich so zu positionieren, dass all diese Aspekte im Einklang sind, geht nicht von heute auf morgen – mit einem schnellen Brainstorming ist das nicht getan. Zuerst einmal gilt es, deine Persönlichkeit, deine Überzeugungen und die Werte des Unternehmens zu analysieren. Wo bestehen Übereinstimmungen, die wirkungsvoll in der Kommunikation aufeinander einzahlen? Wer versucht, eine Show zu inszenieren, und dabei mehr auf Wunschvorstellung als auf Authentizität setzt, wird schnell merken, dass die Community dies meist früher als später durchschaut – da ist Kritik, sind auch Konflikte vorprogrammiert. Zugegeben, eine starke Reputation aufzubauen, kostet Ressourcen. Was aber, wenn jemand nach deinem Namen sucht und keine Informationen über dich findet – oder aber, noch schlimmer, negative Kommentare über dich liest, die noch dazu nicht durch positive Informationen von dir selbst oder starken Absendern ausgeglichen werden? Jeder potenzielle neue Kunde wird sich, nachdem er diese negativen Kommentare gelesen hat, gut überlegen, ob er dich oder das Unternehmen wirklich noch kontaktieren soll. Mindestens aber wird er irritiert sein und harte

Fragen an dich haben – kein guter Start. So stark sind die sozialen Medien, ist die Macht des Netzes heute: Wir sind der Bewertung ausgesetzt, ob wir uns das ausgesucht haben oder nicht.

Ist deine Reputation positiv, wirkt sich das in Zeiten des zunehmenden Fachkräftemangels allerdings auch entsprechend positiv aus – was zum Beispiel bei der Rekrutierung von Fachkräften inzwischen eine erhebliche Rolle spielt. Der Aufwand einer guten Reputation ist deshalb allemal gerechtfertigt, sogar erfolgsentscheidend.

Dennoch glauben viele Firmen noch immer, sie seien zu klein, um sich mit dem Thema Reputation auseinandersetzen zu müssen. Dabei können selbst kleine Unternehmen vom positiven Image ihrer Führenden enorm profitieren. So hat beispielsweise Karl-Dietmar Plentz, ein Bäckermeister aus Brandenburg mit mehreren Filialen und 160 Mitarbeitern, dieses Jahr den EPOS Award erhalten. Mit diesem Preis werden Unternehmer ausgezeichnet, die sich als Sinnstifter in der Gesellschaft hervorgetan haben. Der Bäckermeister agiert bei jeder unternehmerischen Handlung auch aus christlicher Überzeugung. Sein Credo lautet: »So wie du behandelt werden willst, so behandele auch andere.« Der Unternehmer, der als »Brotmacher mit Passion« bezeichnet wird, setzt sich regelmäßig ehrenamtlich für das Gemeinwohl ein und stellt Auszubildende mit Handicap ein. Außerdem fördert er besonders Begabte im trialen Studium mit Auslandseinsatz und organisiert regelmäßig Spendenaktionen. Plentz fördert sogar die Backtradition durch den Einsatz eines historischen Backofens. Auch mit dem Einsatz von innovativen Marketing-Maßnahmen fällt er aus dem Rahmen.[3] So lebt dieser Handwerksmeister nicht nur seine Expertise als Bäckermeister, sondern gleichzeitig als engagierter Bürger, der seiner selbst erklärten Verantwortung als Unternehmer gerecht wird. Dadurch erreicht Karl-Dietmar Plentz viele Menschen auch auf der persönlichen Ebene, agiert als Vorbild

> »Frage dich: Wie möchte ich angesehen werden? Was tue ich dafür, dass die anderen mich auch so sehen?«

über den Tellerrand hinaus, schafft Glaubwürdigkeit, zeigt klares Führungsverständnis und baut Beziehungen zu seinem Umfeld auf.

Marke ist Beziehung

Mehr denn je wünschen sich nicht nur Mitarbeiter, sondern auch Kunden an der Spitze »ihrer« Marken Führende, die starke Werte verkörpern. Ich habe den Eindruck, dass gerade die Schnelllebigkeit der digitalen Welt dafür sorgt, dass Werte eine Art Renaissance erleben. Menschen brauchen etwas, woran sie sich »festhalten« können, was ihnen Stabilität gibt. Eine Marke gibt nicht nur Orientierung, sondern stiftet auch Sinn und stellt darüber hinaus eine starke Beziehung zu ihren Anhängern her. Die Marketingprofessorin Susan Fournier hat die Beziehung von Menschen zu Marken erforscht. Dabei hat sie herausgefunden, dass es 15 unterschiedliche Beziehungstypen gibt. Das beginnt bei Beziehungen zu Marken, die eher informeller oder formeller Art sind, und geht über intensive oder dauerhafte bis hin zu Liebesbeziehungen. Letzteres umschreibt oft die Beziehung, die Apple-Nutzer zu ihren Geräten haben, wohingegen die Beziehung zum Verkäufer bei einer Marke wie dem Industrie-Ausrüster Würth eher als kumpelhaft und freundschaftlich beschrieben wird.[4]

Für den zukünftigen Erfolg eines Unternehmens ist es ausschlaggebend, wie sich die Mitarbeiter mit den Produkten identifizieren, dass sie mit ihrem Unternehmen eine regelrechte Beziehung eingehen, doch, du ahnst es: Das ist immer vom Chef abhängig. Er ist verantwortlich dafür, wie die Unternehmensmarke vom Team nach innen und außen gelebt wird. Nur wenn der Vorgesetzte sich mit der Marke identifiziert, handeln auch seine Mitarbeiter als überzeugte und überzeugende Markenbotschafter. Auf diese Weise nimmt also nicht nur der Mensch an der Spitze, sondern alle nehmen die Rolle von Influencern für das Unternehmen ein.

Vor Kurzem war ich bei einem mittelständischen Automobilzulieferunternehmen eingeladen. Dort versicherte mir der Chef, mit einer Kaffee-Ecke für den gemütlichen Austausch und einem frischen Obstkorb, an dem ich mich erfreute, höre es bei ihm noch längst nicht auf. Er legt Wert auf eine insgesamt hochwertige, positive Arbeitsatmosphäre: Die helle, freundliche Atmosphäre in den Büroräumen spiegelt sich nicht nur optisch wider, sondern auch im Miteinander. Wenn er als Chef merkt, dass es zwischen zwei Kollegen nicht »rundläuft«, lädt er sie zum offenen Gespräch ein und leistet Klärungshilfe, anstatt den Konflikt gären und die Gruppendynamik sich selbst zu überlassen.

In einem anderen Unternehmen, das sich selbst zu den innovativen Vorreitern innerhalb seiner Branche zählt, lernte ich ein anderes Beispiel kennen: Dort erhalten die Mitarbeiter ein Budget, damit sie neue Materialien und Technologien ausprobieren können, angefangen bei den Chefs. So tragen sie die Verantwortung dafür, wofür und in welchem Maße die Mitarbeiter ihre Kraft einsetzen und worauf die Aufmerksamkeit und Energie gesetzt wird.

Bei der authentischen Wirkung der Marke auf die Mitarbeiter gilt dabei dasselbe, was auch für die Kunden einen Maßstab darstellt: Versprochen wird in der Markenwelt viel, aber wirklich wirkungsmächtig ist eine Marke nur, wenn sie ihre Versprechen auch hält.

Mitarbeiter als Markenbotschafter einzusetzen, anstatt sich teure Testimonials oder Influencer zu kaufen, kommt immer stärker in Mode – der Influencer-Trend wandert also aus der externen, digitalen Sphäre tiefer in die Unternehmen hinein. Die bereits erwähnten »Corporate Influencer« verstehen sich, wie wir schon festgehalten haben, als werthaltige Vertreter ihrer Marke. Das Konzept solcher Markenbotschafter ist nicht neu und kam etwa in der Werbung schon lange vor der Digitalisierung zum Tragen. Nur ist es ein Unterschied, ob ich einen Prominenten für meine Marke bezahle, der sich für Geld mit einem vorgegebenen Werbespruch vor die Kamera stellt, oder einen Mitarbeiter eine glaubhafte persönliche Geschichte erzählen und über die digitalen Plattformen verbreiten lasse.

Unternehmen werden zunehmend persönlich. Sie suchen die direkte Kommunikation mit ihren Zielgruppen. Nie war es einfacher als im digitalen Zeitalter, große Menschenmengen zu erreichen, dabei aber gleichzeitig hochgradig gezielt vorzugehen. Wie gut das wirkt, kann man messen. So werden Markenbotschaften laut dem Marktforschungsunternehmen MSL Group 24-mal häufiger geteilt, wenn sie von Mitarbeitern (einschließlich Führungskräften) gepostet werden – wir folgen lieber Menschen als Firmen.[5]

> **»Kleine wertschätzende Gesten haben riesengroße Wirkung.«**

Aus diesem Grund setzt beispielsweise die Firma Otto »Jobbotschafter« beim Recruiting ein, um schon bei der Talentakquise eine Beziehung aufzubauen. Bei der Telekom wiederum berichten Mitarbeiter unter dem Hashtag #werkstolz von ihrer Arbeit, allen voran der Vorstandsvorsitzende Tim Höttges.

Bei alldem zahlst du übrigens auch nachhaltig auf deine eigene Marke ein: Als Vorgesetzter nimmst du deinen Ruf später mit in andere Unternehmen, ebenso wie dein Privatleben. Beide Bereiche, privat wie auch geschäftlich, lassen sich heute nicht mehr streng trennen – schon gar nicht, wenn es um den Ruf einer Person geht. Wie wichtig dein Image tatsächlich ist, zeigt eine Studie der Unternehmensberatung Roland Berger. Sie wies nach, dass eine schlechte Wahrnehmung des CEOs für diesen sogar gefährlicher ist als eine schlechte Performance. In 71 Prozent aller Fälle konnte eine schlechte Wirkung als ursächlicher Grund für die Abberufung eines CEOs konstatiert werden, nicht seine Leistung.[6]

Die Marke Chef als »Enabler« – oder Kündigungsgrund

Wie sehr tatsächlich alles vom Chef abhängt, bestätigt auch die neueste Studie des Marktforschungsunternehmens Gallup: 16 Prozent der Arbeitnehmer in Deutschland (das entspricht etwa sechs Millionen) haben bereits innerlich gekündigt.[7] Einer inneren Kündigung geht meist ein längerer Prozess voraus, der immer in irgendeiner Weise auf schlechte Führung zurückzuführen ist. Die Mitarbeiter empfehlen das Unternehmen nicht mehr weiter, sind nicht mehr engagiert und in wachsendem Ausmaß wechselwillig. Tatsache ist, dass 70 Prozent der Unzufriedenheit von Mitarbeitern in direktem Zusammenhang mit dem Chef stehen. Jeder Mitarbeiter startet motiviert in einem neuen Unternehmen. Doch allzu oft verliert er im Unternehmensalltag nach und nach den Glauben – meist aufgrund des Verhaltens der Führung.[8] Verzeichnest du eine große Fluktuation in deiner Abteilung oder im Unternehmen, solltest du dir einmal ehrlich die Frage stellen, ob es etwas mit dir zu tun haben könnte. Es besteht die Möglichkeit, dass dein Anspruch an dich selbst und deine gelebte Realität nicht zusammenpassen.

»Nur wer seine eigenen Talente kennt, findet seine passende Position.«

Ein Großteil der Kündigungen entsteht, weil Entscheidungen getroffen werden, die später wieder infrage gestellt werden – die Führung sich also inkonsequent oder sogar inkonsistent verhält. Wie oft habe ich in Unternehmen erlebt, dass der Chef sich selbst als sehr tolerant und umgänglich empfand, gleichzeitig aber regelmäßig nicht zu einmal getroffenen Entscheidungen stand – oft schon am nächsten Tag. Damit meine ich übrigens nicht, dass eine Meinung oder Denkrichtung nicht revidiert und korrigiert werden dürfte – das wäre gerade in der heutigen Zeit mit ihrem schnellen Wandel auch überhaupt nicht realistisch. Wir arbeiten ja schließlich flexibel und passen uns ständig neuen Informationen oder Situationen an. Allerdings muss (!) dann die Kommunikation offen und transparent gehalten werden. Wird eine Richtungsänderung notwendig, besteht Erklärungsbedarf, der keinesfalls ignoriert werden darf: Warum der Sinneswandel? Was bedeutet das für unser Team, was für den Einzelnen? Inwiefern haben sich die Bedingungen verändert, wer wurde neu einbezogen, warum wurde sich anders entschieden? Der wichtigste Hebel für gelingende Flexibilität ist eine transparente und wertschätzende Kommunikation. Auch hier braucht es den Chef als Beziehungsmanager.

Mitarbeiter verlassen Chefs, die nicht berechenbar sind, aus Frustration und Unsicherheit – und verlassen oft sie ganz persönlich, nicht das Unternehmen als solches, weil es ihnen an Orientierung und Perspektiven fehlt. Wir arbeiten für Menschen, und wir verlassen Menschen. Deshalb ist die Beziehungsqualität, die du zu deinen Followern aufbaust, so entscheidend. Überzeugte Follower werden zu deinen Multiplikatoren und tragen deine Überzeugungen ins Unternehmen – und oft sogar darüber hinaus.

Was treibt mich heute als potenzieller Mitarbeiter, bei einem neuen Unternehmen anzufangen oder die Abteilung zu wechseln? Es sind die Menschen und die Möglichkeiten, die sie mir bieten. Dafür steht zuerst der oberste Entscheider des fraglichen Bereichs, dem ich zutraue, dass er oder sie meine Talente erkennt und mich fördert und fordert. Dazu gehört auch, dass er erkennt, wenn ich Schwierigkeiten habe oder unterfordert bin, und mich z. B. auf ein anderes Projekt setzt, weil er erkennt, dass in mir noch andere Talente schlummern. Klar, dass für so eine Führungskraft mehr und vor allem engagiertere Menschen arbeiten wollen!

Selbstmarketing hat viele Abstrahleffekte, intern wie extern. Insofern sollte ich als Chef alle Gelegenheiten und Kanäle nutzen, damit potenzielle Interessengruppen von mir und von meinen Überzeugungen erfahren. Im digitalen Zeitalter sind wir einer enormen Informationsflut ausgesetzt. Du kennst das von dir selbst: Nicht nur der Fernseher, sondern auch das Internet überflutet dich mit unzähligen Angeboten, Informationen und Werbespots. Zudem ist der Markt im Zuge der Globalisierung mit einer Vielzahl an Produkten nahezu übersättigt – von all den Botschaften, die damit einhergehen, ganz zu schweigen. Da muss man sich als Absender ganz schön ins Zeug legen, um überhaupt wahrgenommen zu werden – egal, auf welchem Markt. Da heißt es ständig präsent sein, immer wieder neue Anreize setzen, sich in allen relevanten Kontexten zeigen und unter Beweis stellen, dass man die Aufmerksamkeit einer echten Marke verdient.

Wenn ich großen Wert auf einen Chef lege, der sich für mich und meine Belange starkmacht, werde ich einen Führenden zu schätzen wissen, der hinter seinen Versprechen und Überzeugungen steht. So berichtete eine Mitarbeiterin mir voller Begeisterung von ihrer

Vorgesetzten: »Das hätte ich nie für möglich gehalten, dass meine Vorgesetzte diesen Vorschlag so schnell durchsetzt, sogar gegen die Einwände von ganz oben.« Solche Geschichten sprechen sich herum – auch extern. Wenn ich als Jobsuchender vielleicht gerade meine Fühler ausstrecke und von einer so engagierten Chefin höre, ist meine Aufmerksamkeit geweckt und ich schaue mir diese Person einmal näher an. Durch Gespräche – vielleicht sogar mit ihr selbst – erkenne ich dann vielleicht weitere Werte, die auch mir wichtig sind. Ist dieser Mensch dann noch für einen Bereich verantwortlich, in dem ich mir auch gut vorstellen könnte zu arbeiten, konkretisiert sich mein Interesse nach und nach. Beim nächsten Stellenwechsel werde ich logischerweise alles daransetzen, für diese Person zu arbeiten – und vielleicht ist sie es sogar, die mich durch ihre Persönlichkeit zum Wechsel animiert. Aufgepasst, Ihr Recruiter da draußen!

Vorgesetzte, die sich durch eine positive Kultur auszeichnen, haben besonders bei den jüngeren Generationen die besten Karten. Heute hält man Mitarbeiter nicht mehr allein mit Geld; zunehmend zählen andere Werte. Besonders junge Menschen, aber auch immer mehr Digital Immigrants möchten dort arbeiten, wo sie sich wohlfühlen und wo sie gefördert werden, wo passend zu ihren Talenten und Interessen entsprechende Entwicklungsmöglichkeiten und Freiräume gegeben sind. Kürzlich habe ich für meinen Podcast ein Interview mit der COO einer Onlinemarketing-Agentur geführt. Sie hat es als Vorgesetzte ausschließlich mit digital sehr versierten Menschen zu tun – im Durchschnittsalter von 25 bis 31 Jahren. Sie erklärte mir ganz entgegen dem aktuellen Trend: »Wir leiden nicht an Fachkräftemangel, weil mein Team und ich die besten Botschafter für unser Unternehmen darstellen. Wir sind so leidenschaftlich bei der Sache und so von unserer Kultur überzeugt, dass wir neue Mitarbeiter schnell überzeugen und an Bord holen. Sie lassen sich regelrecht von unserer Begeisterung anstecken.«

So agieren Influencer: Überzeugung von innen strahlt nach außen ab – und wird zu Anziehung.

Onlinereputation: Kann ich mich nicht einfach raushalten?

Viele Chefs denken immer noch: Wenn ich selbst nicht in sozialen Netzwerken aktiv bin, kann mir nichts passieren. Von wegen! Die Gefahr einer schlechten Reputation lauert unabhängig davon, ob man in den Social-Media-Kanälen aktiv ist oder nicht. Die Menschen, für die du relevant sein musst, informieren sich über die sozialen Netze und das Internet. Wenn du das Vertrauen deiner Mitarbeiter und deiner Interessengruppen gewinnen willst, musst du auch auf den gleichen Kanälen wie sie unterwegs sein – sonst existierst du für sie praktisch nicht und wirst deshalb auch nicht positiv wahrgenommen. Jede Führungskraft kann heute nämlich online bewertet werden. Allein deshalb ist das Reputationsmanagement erste Onlinepflicht für Führende.

So sehr ich Wert auf die Feststellung lege, dass die Persönlichkeit eines Menschen nicht digitalisiert werden kann: Persönliche Präsenz heißt heute immer auch Onlinepräsenz – ganz gleich, auf welcher Führungsebene. Es ist immer eine strategisch intelligente Entscheidung, in das eigene Image zu investieren. Das beginnt mit Kleinigkeiten: Habe ich ein Gespräch mit dir als Entscheider, unabhängig davon, ob ich neuer Mitarbeiter werden möchte oder Kunde, schaue ich mir deine digitalen Fußspuren an und entscheide schon vorab für mich persönlich über deinen digitalen Wert. Diese Einschätzung ist natürlich immer subjektiv, und vieles lässt sich durch den persönlichen Eindruck wettmachen. Doch bist du online zu wenig präsent oder erscheint dein Auftritt im Netz mir zu unprofessionell, hast du dadurch in meinen Augen einen Makel. Kurz: Die Alternative, zum Schutz der eigenen Reputation einfach nicht online aktiv zu sein, ist ein klares No-Go.

Aus Erfahrung weiß ich, dass diese neue Transparenz für viele noch ungewohnt ist. Doch ob mir das gefällt oder nicht: Es ist nun einmal so, dass jeder Onlinenutzer, der mit einem Produkt, einer Dienstleistung oder der Aussage eines Top-Managers nicht einverstanden ist, darüber in den sozialen Netzwerken mit Hunderten oder Tausenden von Menschen »diskutieren« kann. Es liegt am Entscheider selbst, ob er sich in diese Diskussion einschalten und in eigener Sache sprechen will oder nicht. Hinzu kommt: Je angeschlagener der Ruf des Betreffenden bereits ist, desto mehr Menschen werden sich finden, um verbal immer weiter in dieselbe Kerbe zu hauen.

Und wenn wir ehrlich sind, ist das alles auch gar nicht so neu – nur die Dimension und die Geschwindigkeit, mit der die Reputation sich verändern kann, ist heute eine ganz andere. Das Prinzip ist letztlich dasselbe, wenn du als Führender eine provokante oder gar falsche Aussage in einem Printmedium machst. Sobald du in irgendeiner Form im Fokus bist, gilt es, deine »Presse« – all das, was die Öffentlichkeit von dir wahrnimmt – im Blick zu haben und im Falle von Negativmeldungen umgehend zu reagieren, im gleichen Medium und genauso transparent und öffentlich. Was schon immer für die etablierten Medien galt, gilt nun eben auch für den Onlinebereich. Der Unterschied ist, dass heute alles noch viel schneller geht und der Verbreitungsgrad einer Nachricht in kürzester Zeit explodieren kann. Wohl dem, der immer am Ball ist und rechtzeitig gegensteuert – oder gleich Prävention betreibt, indem er das Reputationsmanagement ernst nimmt.

In diesem Zusammenhang habe ich mich im Institut mit der Frage beschäftigt, inwiefern der sogenannte Social Rank, der die Aktivität eines Menschen in den sozialen Netzwerken ermittelt, bei großen Unternehmen bereits ausschlaggebend für das Recruiting sein könnte. Dazu befragte ich einige Influencer, die bei namhaften Unternehmen in Deutschland Positionen im Onlinebereich bekleiden. Sie waren geschlossen der Meinung, dass der sogenannte Social Rank für ihre Einstellung noch nicht relevant war. Das überraschte mich. Ich recherchierte weiter und stieß bald auf anderslautende Meinungen: Der CEO der ING Direct in Kanada, Peter Aceto, ist bereits heute der Meinung, dass CEOs zukünftig nicht mehr nur am Aktienkurs des Unternehmens gemessen werden. Vielmehr komme es zunehmend darauf an, wie die Top-Führungskräfte mit ihren Kunden, Mitarbeitern und anderen Stakeholdern kommunizieren.[9] Möglicherweise sind wir hier in Deutschland schlicht noch nicht so weit wie in anderen Ländern.

Dass dieser neue Messwert für Führungsqualität seine Berechtigung hat, zeigt das Beispiel von Michael Stenberg, Global VP Digital Marketing bei Siemens, der bereits 2013 mit seinem Programm »Executive Enablement« ein Exempel statuierte. Er wollte die Top-Führungsebene stimulieren, digitale Transformation von oben vorzuleben. Denn auch bei Siemens hat man ein geändertes Kundenverhalten bei der Kommunikation festgestellt, die immer mehr über die sozialen Netze stattfindet. Daher, so Stenberg auf »experteer.de«, seien die Präsenz und Interaktion der Führung auf allen Ebenen erforderlich. Dies hat auch noch einen schönen Begleitaspekt: Es können gleichzeitig wichtige Botschaften des Unternehmens im Internet etabliert werden, die weit über den Effekt klassischer Werbung hinausgehen und auch andere Zielgruppen erreichen.[10]

Was allerdings bereits im privaten Umfeld deutlich wird: Die Gefahr bei den digitalen Medien ist, dass sie Menschen dazu verleiten, ein Idealbild von sich zu kreieren. Die digitale Welt hält still, der Follower lernt den Influencer meist nicht persönlich kennen. Der Chef als Influencer lebt in der Unternehmensöffentlichkeit. Die Menschen im Unternehmen haben den direkten Vergleich, wie du dich in den Sozialen Medien darstellst und wie du dich in der Realität gibst. Die Frage lautet also: Wie schaffe ich eine glaubwürdige Präsentation meiner Selbst – on- und offline? Gerade bei deiner Onlinereputation geht es um das Erlebbarmachen von persönlichen Überzeugungen, Einstellungen und Werten. Je deckungsgleicher sie mit deinen in der Offlinewelt gelebten Verhaltensweisen und Äußerungen sind, desto zuverlässiger wirst du als Influencer angesehen.

Die Fragestellungen für eine clevere Strategie zum Markenaufbau sind on- wie offline die gleichen:

1. Welche sind meine Interessengruppen / Zielgruppen bzw. wen will ich überhaupt erreichen?
2. Für welche Themen möchte ich – als Experte und als Mensch – stehen?
3. Welchen Mehrwert und / oder Nutzen kann ich meinen Interessen- bzw. Zielgruppen bieten?

Wenn du dich speziell mit den Möglichkeiten der Onlinepräsenz beschäftigst, begegnet dir neuerdings immer wieder eine neue Begrifflichkeit, die für dich interessant sein könnte: Thoughtleadership. Dieser Trend ist vergleichbar mit dem Influencermarketing und für dich als Führungskraft besonders relevant. Beide Konzepte sind sozusagen miteinander verwandt. Der Unterschied: Beim Influencermarketing greife ich als Unternehmen auf einen Influencer zurück, der bereits eine hohe Reichweite hat. Beim Thoughtleadership geht es darum, eine Figur innerhalb des Unternehmens, die bereits eine Führungsrolle hat, strategisch als Experten und Denker aufzubauen – mit dem Ziel, in der Öffentlichkeit Aufmerksamkeit zu erwecken und Vertrauen und dadurch Engagement bei allen Stakeholdern wie Kunden oder Lieferanten, aber auch bei den Mitarbeitern aufzubauen.

Die Ziele der beiden Strategien sind also vergleichbar, nur werden sie anders erreicht. Das Risiko beim Influencer ist, dass er die Zielgruppen nicht nachhaltig und glaubwürdig genug beeinflussen kann. Das Risiko beim Thoughtleadership ist, dass es länger dauert, bis die Reichweite erreicht ist. Deshalb sind einige Unternehmen dazu übergegangen, die beiden Ansätze zu kombinieren. Sie stellen gezielt Personen aus dem Top-Management, bis hin zum CEO, in den Vordergrund ihrer digitalen Präsenz. Diese Thoughtleader werden gezielt durch die Marketing- und Kommunikationsabteilungen unterstützt, um ihre Wahrnehmung zu stärken. Und wie im »normalen Leben« werden Profile in den Social Networks erstellt. Auf diesen Plattformen geben sie konstant ihre Meinung kund: Vor allem auf LinkedIn und Twitter; aber sie bloggen auch, schreiben Bücher, sprechen auf Konferenzen – outen sich als Experte und sind digital wie analog in den führenden Branchenmedien stets präsent. Klar gab es auch präsente CEOs in der Vergangenheit, nur war deren Vorgehen nicht in derselben Weise strategisch geplant und bei Weitem nicht so komplex, wie die digitale Welt es ermöglicht und eben auch verlangt.

Neben den DAX-Größen sind es auch immer mehr Mittelständler, die die Relevanz der Onlinereputation ihrer Führenden erkannt haben.

Wie in vielen anderen digitalen Bereichen ist diese Aktivität – gemessen an den Vorstandsvorsitzenden etwa in den USA – hierzulande jedoch noch immer als zurückhaltend anzusehen. In den Vereinigten Staaten sind mindestens 21 der 30 größten Börsen-Konzerne mit mindestens einem Social-Media-Account aktiv. Apple-Chef Tim Cook erreicht via Twitter bereits beinahe 12 Millionen Follower.[11] Von diesen Influencern können wir einiges lernen: Sie haben ein gutes Gespür für Trends und Marktbewegungen. Sie wissen, was relevant für ihre Zielgruppe ist, und zeigen sich offen für Kritik und Optimierungen. Gerade diese Möglichkeit, mit ihren Followern zu kommunizieren, sehen sie als Chance zur Weiterentwicklung für sich selbst und ihres Unternehmens an. Sie können sich und ihre Talente hervorragend einschätzen und kennen ihre Werte. Deshalb wissen sie genau, in welche Richtung sie mit ihrer Onlinepräsenz zielen müssen, um ihren Einfluss immer mehr zu erweitern.

> »Wenn du sagst, du hast immer ein offenes Ohr für deine Leute, dann schließe nicht deine Bürotür.«

Welche Kanäle du für deine Präsenz wählst, ist deine persönliche Entscheidung – letztlich ist es meist sinnvoll, auf allen relevanten Plattformen aktiv zu sein. War XING in Deutschland lange Zeit mehr oder weniger allein auf weiter Flur, erlangt die Plattform LinkedIn inzwischen immer stärkere Relevanz für die Businesskommunikation. Für hochfrequente Kommunikation bietet sich möglicherweise auch ein Twitter Account an. Auf dem Microblogging-Dienst, wo jeder Post auf maximal 280 Zeichen begrenzt ist, sind mittlerweile immerhin schon etwa 2,5 Millionen aktive Nutzer aus Deutschland präsent, wovon jeder vierte eine Führungskraft ist.[12]

Eine weitere Möglichkeit ist nach wie vor, wöchentlich eine Stunde in einen eigenen Blog zu investieren. Ein sehr erfolgreiches Beispiel für diese Art der Zielgruppenkommunikation ist der Blog von Heike Eberle, der Chefin von Eberle Bau aus der Südpfalz. Sie bloggt bereits seit zehn Jahren und gewinnt damit nicht nur immer wieder neue Kunden. Sie ist auch der Überzeugung, dass die Social-Media-Aktivität ihr hilft, ihr Unternehmen als Marke emotionaler zu positionieren.

Ein anderes Beispiel ist Sina Trinkwalder. Sie hat die Kleidermanufaktur »Manomama« gegründet und gehört seit Kurzem zu den zehn einflussreichsten Social CEOs in Deutschland – noch vor Joe Kaeser, dem CEO von Siemens. Bei Twitter zählt sie bereits mehr als 30 000 Follower. Die Autorin von *Zukunft ist ein guter Ort* vertritt in ihrem Buch eine klare Meinung zum nachhaltigen Wirtschaften – und nutzt ihre Plattformen gezielt und sehr effektiv, um diese Botschaft zu verbreiten.[13] Das verschafft natürlich auch ihrem Unternehmen eine erhöhte Wahrnehmung.

Nutzt man die Onlineplattformen intelligent, kann man sich als Führender also nicht nur als Identifikationsfigur, sondern auch als Experte mit eigener Meinung platzieren. Dafür muss man kein DAX-Firmenchef sein. Es zählt die ganz persönliche Meinung in Verbindung mit deiner nachgewiesenen Expertise als Führender deiner Branche, die auch deine menschliche Seite erkennen lässt. Ich selbst machte kürzlich eine ganz interessante Erfahrung in diesem Zusammenhang: Ich bin selbst sehr aktiv in den sozialen Medien. Das kostet viel Zeit. Als ich mich deshalb kurzzeitig dazu entschied, eine Agentur mit Teilen meiner Social-Media-Arbeit zu beauftragen, bekam ich von meinen Followern zu hören: »Barbara, man erkennt, dass du das nicht bist.«

Mein Fazit aus dieser Rückmeldung: Auch deine digitalen Beziehungen pflegst du in der Tat am besten persönlich – genauso wie im richtigen Leben. Mindestens bei persönlichen Social-Media-Accounts sollte das möglichst die Regel sein. Oder würdest du einen Stellvertreter zum Date schicken? Deine Follower sind an deiner ganz persönlichen Meinung zu deinen Themen interessiert, und sie wollen deine Stimme hören. Darin zeigt sich auch ein gewisser Respekt gegenüber deinen Followern. Schließlich treten sie über Kommentare und Likes in Interaktion und wollen von dir gehört und gelesen werden und nicht etwa mit einem Stellvertreter kommunizieren.

Nie war es wichtiger, Identität und Integrität zu zeigen, wenn du als Führender Menschen bewegen willst. Das ist Influencer Leadership®!

Fazit: Die Sehnsucht nach Menschlichkeit – Menschen folgen Marken mit »Seele«

Je digitaler die Welt wird, desto mehr wird nach Menschlichkeit gesucht. Auf der einen Seite bringt die Digitalisierung uns unzählige Erleichterungen. Das Smartphone ist nicht nur mein Helfer, wenn ich mich in einer neuen Stadt nicht auskenne, sondern ermöglicht es mir, online einzukaufen, Mails und Nachrichten zu empfangen, meine gesamten Aktivitäten zu dokumentieren – sogar meiner Fitness kann es auf die Sprünge helfen. Das Telefonieren wird sozusagen zur Begleitfunktion. Im Arbeitsumfeld ermöglichen es uns leistungsfähige PCs, von jedem Ort der Welt aus zu arbeiten.

Die Digitalisierung bewegt uns stärker als jede andere technische Revolution zuvor, weil sie das bisher Unmögliche möglich macht. Inzwischen warten wir auf heiß ersehnte Innovationen nicht mehr Jahrzehnte, sondern manchmal nur noch Monate. Auch das ist eine neue Qualität in der Evolution unserer Lebenswelt: Fortschritt im Zeitraffer.

Mittlerweile sprechen wir allerdings immer konkreter von einer Zukunft, die den Menschen selbst mit seinen Fähigkeiten infrage stellt. Deep-Learning-Ansätze etwa machen Systeme nicht nur schneller, sondern inzwischen sogar intelligenter, als es vor einigen Jahren auch nur vorstellbar gewesen wäre. Kai Anderson beschreibt in *Digital Human* sogenannte neuronale Netze, die in ihrer Funktionsweise dem menschlichen Gehirn immer näher kommen.[14] Aufgrund dieser je nach Sichtweise faszinierenden oder erschreckenden Entwicklungen birgt die Digitalisierung für viele Menschen auch ein hohes Maß an Unsicherheit. Sie fragen sich: »Braucht man mich dann eigentlich noch?«

Das ist ein Aspekt der Digitalisierung, den wir nicht aus den Augen verlieren dürfen. Bei all dem Fortschritt bleibt eines nämlich gleich – der Mensch mit seinen Bedürfnissen. Manchen davon hilft die Digitalisierung; manchen ignoriert sie bisher in hohem Maße. Mitarbeiter fragen sich: Gibt es meine Position so noch in fünf Jahren? Wie muss ich mich weiterentwickeln, damit mein Arbeitsplatz sicher ist und ich auch in zehn Jahren meine Familie noch ernähren kann? Menschen haben seit jeher einen extrem hohen Bedarf an Anerkennung, Sicherheit und Geborgenheit. Gleichzeitig haben sie schon seit jeher Angst vor der Veränderung. So sind wir aufgrund der Evolution ganz einfach gestrickt. Doch diese Disposition macht uns das Leben schwerer in einem Zeitalter, in dem der »Change« in ungeahnter Geschwindigkeit um sich greift.

Damit die Digitalisierung auch dem Menschen in der Arbeitswelt eine Zukunft bietet, ist es erforderlich, dass die Chefs umdenken: Dass sie nicht mehr nur daran denken, was die Digitalisierung technisch so alles möglich macht – sondern diese auch aus der Perspektive der Menschen, die davon betroffen sind, sehen.

Nur sind die meisten Führungskräfte mit den Herausforderungen der digitalen Transformation ihrer Branche allein schon so beschäftigt, dass sie ganz vergessen, sich zu fragen, wie die Digitalisierung auf den Menschen wirkt. Wir brauchen Denker und Lenker, die sich nicht allein die Frage stellen, wie sie ihre Abteilung oder das Unternehmen digitalisiert bekommen – sondern auch die Frage, wie die Digitalisierung ihren Mitarbeitern zu neuer Anerkennung und einem Gefühl der Sicherheit inmitten der neuen Ordnung verhelfen kann. Kurz: Wir sollten uns fragen, wie wir den Menschen mit den Möglichkeiten der Digitalisierung glücklicher machen können.

Diese Führungskräfte tun das, was die besten Führungskräfte schon immer getan haben: Sie stellen den Menschen in den Mittelpunkt. Menschen wollen Menschen folgen; sie suchen Marken mit einer Seele. Dass sie auf dieser Suche bei dir andocken, setzt voraus, dass du als Führender dich als ganzer Mensch präsentierst.

Gutes Marketing beinhaltet nicht nur, dass deine Überzeugungen und deine Expertise klar übermittelt werden. Es geht immer auch darum, dass deine Mission, dein Wert als Orientierungsgeber für deine Follower deutlich wird. Die Studie »Wettbewerbsfaktor Mensch« hat ermittelt, dass es die klassischen Werte sind, die Menschen gerade heute begeistern: Sie setzen dem permanenten Wandel Persönlichkeitsfaktoren wie Glaubwürdigkeit und Verlässlichkeit, aber auch Sicherheiten in Form von Weiterentwicklungsmöglichkeiten oder einem sicheren Arbeitsplatz entgegen.[15]

Nutz die folgenden Fragen als Gelegenheit, nach deinem Empfinden markante Botschaften dieses Kapitels und Aspekte deiner eigenen Reputation zu reflektieren:

 ## Reflexionsfragen

1. Kennst du deine wahren Stärken?

2. Was ist dein »Herzensprojekt«?

3. Was sind deine tiefen, schon immer vorhandenen Überzeugungen?

4. Inwiefern stimmen diese persönlichen Werte mit den Werten deines Unternehmens überein? Wo finden sich Überschneidungen, möglicherweise aber auch Widersprüche?

5. Welche Eigenschaften – Stärken und Schwächen, Talente und Gewohnheiten – machen dich als Persönlichkeit aus und unterscheiden dich von deinen Kollegen auf gleicher Ebene?

6. Welche Attribute kennzeichnen aus deiner Sicht deine Art zu führen – und welche würde dein Team dir wohl zuschreiben?

7. Wie würdest du die Zusammenarbeit zwischen dir und deinem Team beschreiben?

8. Kennst du deine Onlinereputation als Führender bzw. schenkst du dem Thema genug Aufmerksamkeit? Wenn ja, bist du damit zufrieden?

9. Welchen Nutzen bietest du als Influencer deinem Team? Inwiefern zahlt deine Kommunikation on- und offline auf diese Positionierung ein?

10. Welche Plattformen bzw. Kanäle sind für dich relevant, und bist du dort bereits präsent?

11. Welche Maßnahmen kannst du ergreifen, um deine Reputation im Netz zu verbessern?

12. Wenn du dein eigener Mitarbeiter wärst: Würdest du dir selbst als Vorgesetztem folgen wollen? Warum oder warum nicht?

8. KAPITEL

Alle für einen! Teambuilding ist Chefsache

Die Teams der Zukunft folgen einem neuen Prinzip: »Alle für einen«
statt »Einer für alle«! Aus einer neuen Art von Gemeinsamkeit
wächst neue Stärke. Durch die neuen Formen der Zusammenarbeit
und die neuen Kommunikationswege verändert sich die Teamdyna-
mik. Mit dem Gegeneinander des alten Konkurrenzdenkens endet
die Energieverschwendung der alten Arbeitswelt. Transparenz wird
zum Imperativ der Teamarbeit. Orientierung zu geben ist künftig die
zentrale Führungsaufgabe. Der neue Spirit schenkt uns viele gute
Gründe für Optimismus!

Vor einigen Jahren reiste ich nach Finnland, um mit einer Gruppe mir unbekannter Menschen aus der ganzen Welt eine Woche
lang mit Husky-Schlitten durch die Wildnis zu fahren. Es war ein
grandioses Abenteuer. Die Temperaturen fielen teilweise auf mi-
nus 40 Grad Celsius. Das hört sich schlimmer an, als es tatsächlich
war, denn die dort herrschende trockene Kälte ist mit der deutschen
eher feuchten Kälte nicht zu vergleichen. Herausforderungen gab es
dennoch genügend: Du arbeitest unter schwierigsten Bedingungen
mit fremden Menschen und Tieren, die du nicht kennst. Wenn du
mit dem Schlitten und deinen sieben Hunden durch die finnischen
Felder unterwegs bist, bist du dafür verantwortlich, dass ihr, Hunde
und Mensch, sicher am Ziel ankommt. Darüber hinaus bist du Teil
des Trails, also der ganzen Gruppe. Wenn du erkennst, dass dein
unmittelbarer Vordermann oder deine Schlittenpartnerin hinter dir
in Schwierigkeiten gerät, hilfst du, damit das »schwache Glied der
Kette« wieder in die Spur kommt.

Vieles an diesem Abenteuer war vergleichbar mit der Arbeit in unseren Unternehmen: Mit deinem Verantwortungsbereich bildest du einen Teil des großen Ganzen und bist nicht nur direkt für deine Mitarbeiter verantwortlich. Gemeinsam seid ihr mit allen anderen auch dem übergeordneten Ziel des Unternehmens verpflichtet.

In Finnland hieß das übergeordnete Ziel: »sicher mit allen Schlitten am Zielort ankommen«. Meine Schlittenhunde und ich verstanden uns als Team. Innerhalb dieses »inner circle« kannte jeder von uns seine Rolle: Jeder nahm seine Aufgabe wahr. Ich als Schlittenführer – als sogenannter Musher – übernahm die Gesamtverantwortung für unser »Projekt« und musste stets sofort reagieren, wenn ich merkte, dass etwas nicht rundlief – wenn beispielsweise ein Hund nicht mehr richtig laufen konnte, weil festgefrorenes Eis an seinen Pfoten seine Fortbewegung einschränkte. Dann hieß es absteigen und das Eis entfernen. Die Hunde waren für die Bewegung des Schlittens und das Tragen der Transportlast verantwortlich. Dadurch, dass die jeweiligen Kompetenzen entsprechend unseren Fähigkeiten verteilt waren, gab es dabei zu keinem Zeitpunkt Zweifel am Erreichen unseres Ziels: Ich konnte mich darauf verlassen, dass die Hunde wussten, was sie taten – und ich war als Teil eines größeren Teams ebenfalls mit den nötigen Kompetenzen und Ressourcen ausgestattet, auch wenn ich selbst einmal Hilfe benötigte. Der Sinn und Zweck jedes Einzelnen innerhalb des Trails war klar definiert und bestimmte unsere Zusammenarbeit. Jeder konzentrierte sich darauf und gab sein Bestes.

Dann kam noch ein entscheidender Aspekt hinzu: Mein Team und ich hatten Spaß daran, uns dieser ungewöhnlichen Aufgabe zu stellen – trotz und manchmal auch gerade wegen der extremen Rahmenbedingungen, die die Erfahrung noch einzigartiger machten. Es war klar, dass, wenn einer aus unserem Team nicht seiner Aufgabe oder Rolle nachkam, der Teamerfolg litt. Wir hatten ein Ziel, das wir nur gemeinsam erreichen konnten!

Auf meine sieben Hunde und mich traf genau das zu, was die Autoren Jon K. Katzenbach und Douglas K. Smith in ihrem Buch *The wisdom of teams* beschrieben haben: »A team is a small number of people with complementary skills who are committed to a common purpose, performance goals and an approach for which they hold themselves mutually accountable.«[1] – »Ein Team ist eine kleine Anzahl von Menschen mit sich ergänzenden Fähigkeiten, die sich einem gemeinsamen Zweck, Leistungszielen und einem Ansatz verschrieben haben, für den sie sich verantwortlich fühlen.«

Einige Jahre später war ich auf einer weiteren Reise im Silicon Valley und hatte das Glück, mit vielen ganz unterschiedlichen Menschen zu sprechen, die mir Einblick in ihre Zusammenarbeit gewährten. Das Valley ist bekannt dafür, dass es Menschen anzieht, die von der Vorstellung getrieben sind, etwas Neues zu schaffen. Das geht mit einem besonderen Spirit einher, von dem im Zusammenhang mit diesem Standort oft berichtet wird. Doch es gibt einen weiteren Aspekt dieser speziellen Art zusammenzuarbeiten, der dabei oft unterschlagen wird: Das Valley ist keineswegs nur eine Ansammlung von exzentrischen Solo-Entrepreneuren, die ihr Ding machen. Jedem hier ist klar, dass man auf die Kooperation mit anderen angewiesen ist: auf ergänzende Ideen, unterschiedliche Blickwinkel und alternative Perspektiven. Wahrhaft Neues schafft man nicht nur mit einem Kopf oder nur mit einer Idee, sondern indem man viele kluge Köpfe zusammenschaltet. Das setzt natürlich ein hohes Maß an Kooperations- und Netzwerkfähigkeit voraus.

> »Je mehr Auseinandersetzung da ist – im positiven Sinn –, desto größer ist der Output. Reibung erzeugt nun mal Wärme.«

So entsteht manchmal tatsächlich der Eindruck, dass das gesamte Valley ein großes Team darstellt, das von dem Ziel beseelt ist, die nächste Stufe in der digitalen Entwicklung zu erreichen. Niemand spricht dort von digitaler Transformation, denn die ist längst eine Selbstverständlichkeit; man lebt sie einfach. Jede neue Errungenschaft wirft sofort die Frage nach bislang ungeahnten Einsatzmöglichkeiten und dann gleich wieder nach der nächsten Innovationsstufe auf.

Das merkt man auch im Umgang der Menschen miteinander: Bei jedem Gespräch werden dir umgehend wieder weitere Menschen empfohlen, mit denen du reden könntest. Ständig triffst du auf Menschen, die du noch nie gesehen hast und die dir weitere wichtige Blickwinkel eröffnen und Tipps geben – unabhängig von möglichen Hierarchie- oder Kompetenzstufen. Netzwerken, das ist im Valley keine lästige Zusatzkompetenz der neuen Arbeitswelt – es ist ein Lebensstil, der alle eint und Unterschiede einebnet. Statusdenken ist hier Fehlanzeige.

Über diese besondere Haltung produzierte ich während meines Aufenthalts einen Podcast mit Dr. Mario Herger, dem Trendforscher, der das Buch *Das Silicon Valley Mindset*[2] geschrieben hat und im Valley lebt. Mario erzählt darin, dass selbst supererfolgreiche Gründer hier im Valley sich gern erinnern, wie es ihnen selbst in ihrer Gründungsphase ergangen ist. Das ist ein Grund dafür, dass sie bestrebt sind, andere Gründer zu unterstützen – selbst wenn sie ihre Unternehmen verkauft und persönlich eine andere Stufe in ihrer Entwicklung erreicht haben. Nur wenige können ein Unternehmen von der Start-up-Phase bis zum Konzern führen. Jede Phase für sich erfordert andere Leadership-Fähigkeiten.

Die erfolgreichen Gründer im Valley haben verstanden, dass es nicht nur um monetäre Unterstützung geht, sondern auch um die Öffnung von Netzwerken. Um etwas wirklich Großes gemeinsam zu schaffen, braucht es die richtigen Kontakte – denn mit der grandiosen Idee ist es, wie manchmal kolportiert wird, eben noch nicht getan. Die Idee kann man allein haben – schon bald danach aber braucht man die Unterstützung einer größeren Community.

Die Vorstellung, alles allein machen zu wollen, um später auch die Lorbeeren allein einsammeln zu können, und deshalb niemanden an seiner Idee teilhaben zu lassen, wird hier als ebenso wenig Erfolg versprechend entlarvt wie die Sorge vor dem Ideenklau oder das bei uns oft noch allgegenwärtige Statusdenken.

Die sogenannte Sharing Community – die »teilende Gemeinschaft«, die nicht nur Wissen, sondern auch Leistungen aufteilt und eines der Kernelemente des digitalen Zeitalters darstellt – hat hier im Valley ihren Ursprung. Die Geschäftsideen der Sharing Economy, von Airbnb als Sharing-Plattform für Unterkünfte über Flixbus als neuen Mobility-Ansatz bis hin zu Couchsurfing als unentgeltlichem Tausch von Wohnraum: Die Ansätze, Güter und Dienstleistungen zu teilen und bestimmte Konditionen durch die Macht der Vielen möglich zu machen, aber auch andere an unseren Ideen und unserem Wissen teilhaben zu lassen, ist in ihrer wirtschaftlich hochskalierten Nutzung in vielen Branchen vielleicht noch immer neu. Doch eigentlich ist es ein Grundprinzip des menschlichen Miteinanders, mit dem wir alle »groß« geworden sind. In Europa können wir damit nur leider oft noch immer nicht so gut umgehen, wie es für die Menschen im Valley längst selbstverständlich ist.

Von jeher wird Deutschland eher als Neidgesellschaft bezeichnet. Das ist jetzt sogar »amtlich«. So hat das Institut für Demoskopie in Allensbach in Kooperation mit dem Marktforschungsunternehmen Ipsos MORI in einer international angelegten Studie herausgefunden, dass die Deutschen vermögenden Menschen gegenüber am wenigsten wohlgesonnen sind.[3] Für diese Studie wurden je 1000 Personen aus Deutschland, Frankreich, den USA und Großbritannien befragt. Die Forscher stellten fest, dass mit erfolgreichen, vermögenden Menschen eher Attribute wie »egoistisch«, »gierig« und »rücksichtslos« verknüpft wurden – und zwar mit Abstand am meisten bei den Deutschen. Menschen, die selbst mit reichen Menschen bekannt sind, assoziierten dagegen eher Begriffe wie »fleißig«, »intelligent«, »einfallsreich« und »visionär« – nur bilden die nicht die Mehrzahl. Kein Wunder also, dass wir Deutschen uns eher zurückhaltend äußern, wenn es um das eigene Einkommen geht – und auch kein Wunder, dass in anderen Ländern Erfolg eher positiver gesehen wird als bei uns. Leider führt dieses Denken aber auch dazu, dass man dann gute Ideen eher für sich behält und sich die Chefs ungerechterweise gern auch mal mit den Geistesblitzen und gelungenen Projekten ihrer Mitarbeiter brüsten.

Mit alldem muss Schluss sein, denn den digitalen Wandel schaffen wir als Führungskräfte nur mit unseren Teams – nicht mit Konkurrenz- oder Hierarchiedenken.

Dagegen liegt es, wie wir schon festgestellt haben, paradoxerweise fast immer am Chef, wenn Teams nicht funktionieren. Nach wie vor neigen Führungskräfte dazu, Gespräche an sich zu reißen, Entscheidungen allein zu treffen, neue Mitarbeiter ohne Rücksprachen einzustellen, sich als Sprecher in Gremien hervorzutun und den Erfolg des Teams als den eigenen zu kommunizieren. Mit diesem gelinde gesagt unkollegialen Führungsstil schießen Führungskräfte sich in der digitalen Arbeitswelt selbst ins Aus, weil sie sich der notwendigen Ressourcen berauben, die sie nur in einer motivierten Gemeinschaft finden. Der Leader der Zukunft baut auf Kooperation und Augenhöhe.

> **»Der Influencer Leader macht klar, dass jeder Einzelne seine Berechtigung im Team hat.«**

Zudem schafft es ein Einzelner gar nicht mehr, der Masse an Informationen und neuen Strömungen im Markt Herr zu werden und zu entscheiden, was tatsächlich wichtig für die Abteilung oder das Unternehmen ist. Dazu braucht es Experten unterschiedlichster Disziplinen, die auf die Erreichung des großen Ganzen hin orchestriert werden. Je heterogener sich ein Team zusammensetzt, umso besser: Die unterschiedliche Zusammensetzung von Teams ist die Antwort auf die Komplexität dieses Zeitalters. Wir brauchen ein Potpourri von unterschiedlichen Kulturen, unterschiedlicher fachlicher Ausrichtung, unterschiedlicher Altersgruppen mit diversen Blickwinkeln und Meinungen. Der Chef trifft in dieser Konstellation nicht mehr allein die Entscheidungen und verteilt Anweisungen, denn das kann er gar nicht. Stattdessen hat er eine neue Aufgabe: Er behält das große Ganze im Blick und sorgt dafür, dass die Unterschiede aufeinander einzahlen und alle Kompetenzen miteinander zum gemeinsamen Ziel führen: Alle für einen!

Was dein Team zusammenhält

Darüber, wie Teams funktionieren, sind unzählige Studien durchgeführt worden, und noch mehr Experten haben sich dazu geäußert. Faktoren wie beispielsweise die Unternehmenskultur, die Führungskraft selbst, die besondere Aufgabe, unterschiedliche Branchen, der sogenannte Teamcharakter und viele weitere Theorien kursieren – beinahe so viele, wie es Teams gibt, scheint es mir manchmal. Da jedes Team eine ganz individuelle Einheit darstellt, können für ein Start-up mit Digital Natives ganz andere Regeln gelten als für ein traditionelles mittelständisches Unternehmen, dessen Belegschaft in der Regel eher aus älteren Mitarbeitern zusammengesetzt ist. Manchmal reicht die Kraft einer charismatischen Führungspersönlichkeit, die inspirierend ihre Vision übermittelt, damit hoch motivierte Ziele erreicht werden – und manchmal braucht es weit mehr als das. In einigen Unternehmen wird beim Recruiting aus diesem Grund Wert darauf gelegt, dass die Persönlichkeit, die neu eingestellt wird, den Werten und Einstellungen des Teams entspricht – ein sogenannter »cultural fit«.

Jedes Team ist anders – deshalb gibt es keine Pauschallösung für die Teamarbeit. Das trifft in Zukunft noch stärker zu als bisher. Doch es gibt Anhaltspunkte, welche Voraussetzungen geschaffen werden sollten, damit ein Team möglichst effizient zusammenarbeitet. Beeindruckt haben mich die Ergebnisse eines Projekts zu diesem Thema beim Pionier der digitalen Welt, die noch heute Gültigkeit haben, obwohl der Versuch schon einige Jahre her ist. Sie spiegeln Erkenntnisse wider, die wir alle in unseren Unternehmen wiedererkennen können, weil sie gleichzeitig die Grundbedürfnisse von uns Menschen aufgreifen.

Bereits im Jahr 2012 war es der Führung von Google ein Anliegen, herauszufinden, was Teams im digitalen Zeitalter effektiv macht. Obwohl das in der digitalen Zeitrechnung Äonen her ist, haben die Ergebnisse unverändert Gültigkeit, da sich die Natur des Menschen im Gegensatz zur Technologie nicht innerhalb von ein paar Jahren ändert (wie wir im Zuge der Digitalisierung an allen Ecken und Enden spüren). Für Marktführer Google lag es auf der Hand, die

Maßstäbe dafür zu definieren, die zukünftig die Innovationskraft und den Erfolg von Teams ausmachen würden. So wurde das Projekt »Aristoteles« (engl. »Aristotle«) ins Leben gerufen[4] (vgl. dazu auch Kapitel 1) – beruhend auf der Vorstellung, dass ein Team, also das Ganze, mehr ist als die Summe seiner Teile (ein Ausspruch des berühmten griechischen Philosophen).

Schon bei der Definition des Teambegriffs steckte der Teufel im Detail: Während bei einer Arbeitsgruppe die Mitglieder nicht zwingend voneinander abhängig sind, sieht das beim Team ganz anders aus. Es zeichnet sich gerade dadurch aus, dass die Mitglieder nicht nur die Arbeitsschritte planen, die Probleme lösen, Entscheidungen treffen und den Fortschritt des Projekts gemeinsam prüfen, sondern dass die Teamkollegen auch operativ aufeinander angewiesen sind, um das Ziel zu erreichen.

Für das Projekt »Aristotle« untersuchten Experten 180 Teams, die zum Teil leistungsstark waren, zum Teil nicht. Das erstaunliche Ergebnis: Weder die räumliche Nähe der Arbeitsplätze noch die Übereinstimmungen bei Entscheidungen noch die Größe oder der Arbeitsumfang Einzelner, ja noch nicht einmal die Leistung Einzelner hatten signifikante Auswirkungen auf die Wirksamkeit des Teams als Ganzes (was allerdings bei Teams in anderen Unternehmen, je nach Branche und Organisationsform, durchaus anders sein könnte). Die Haupterkenntnis des Projekts: Es ist die Art und Weise, *wie* im Team zusammengearbeitet wird, die bei Google ausschlaggebend für das Ergebnis ist. Die Experten bezeichneten dies als die »psychologische Sicherheit« des Teams. Sie definiert, inwiefern die einzelnen Mitglieder sich sicher sind, ein zwischenmenschliches Risiko eingehen zu können. Konnten sie alle Themen, die sie bewegten, bedenkenlos äußern und besprechen, steigerte das erkennbar die Ergebnisse. In den erfolgreichsten Teams konnte jeder Einzelne jederzeit Fragen stellen oder Ideen einbringen, ohne von den anderen verurteilt zu werden. Das kommt nicht nur der Kreativität und Innovationskraft zugute, sondern bedingt gleichzeitig eine andere Fehlerkultur oder Feedbackkultur – wichtige Faktoren für die Effektivität eines Teams.

Hier, beim für das digitale Zeitalter wichtigen Thema Innovationskraft, kommt noch einmal das Thema Fehlerkultur zum Tragen: Fehler sollten endlich auch hierzulande positiver betrachtet werden, als Lernschleife oder gar als Optimierungsfaktor für ein besseres Ergebnis nämlich. Das Stahlunternehmen Klöckner hat hierzu ein herausragendes Format entwickelt. Inspiriert durch seine Reise ins Silicon Valley hat der CEO Gisbert Rühl den Unternehmenszweig Klöckner.i ins Leben gerufen. Hier gilt der Leitsatz, dass Fehler Teil der Weiterentwicklung sind. Dies, so Rühls Grundannahme, funktioniere nur durch eine offene Kommunikation, flache Hierarchien und begleitet von einer entsprechenden Fehlerkultur. So entstand das interne Format »Fuckupminds« – eine Idee, die das Unternehmen aus der Start-up-Szene übernommen habe. Bei solchen Veranstaltungen berichten Gründer über ihre Fehler oder ihr Scheitern. So lernen die Mitarbeiter, dass »Scheitern akzeptiert ist, daraus zu lernen, sei die Pflicht«. Dieses Umdenken, ist man bei Klöckner sicher, ebnet nicht nur den Weg für neue Ideen. Erst dadurch sei auch die Entwicklung von exakt auf Kundenbedürfnisse zugeschnittenen Produkten möglich. Und genau die sind branchenunabhängig zunehmend gefragt – mit der bisherigen Fehlerkultur, die Experimenten und Risiken grundsätzlich skeptisch gegenübersteht, allerdings nicht gut und schnell genug umzusetzen.[5]

> **»Es spielt keine Rolle, wie alt jemand ist, welche Ausbildung oder Historie er oder sie hat – nur, inwiefern er oder sie ins Team passt und seine Rolle einnimmt.«**

Inspiration für neue Formen der Teamarbeit finden wir nicht nur bei den großen Konzernen und digitalen Pionieren. Erst kürzlich hat eine Freundin von mir einige ihrer regelmäßigen abendlichen Restaurantbesuche durch den Besuch eines Theaterkurses ersetzt und daraus für sich und ihr Arbeitsumfeld viel mitnehmen können. Bei einem improvisierten Theaterstück, das von den Schauspielern selbst entwickelt wird, haben alle Mitwirkenden die Möglichkeit, ja sogar die Pflicht, eigenen Input zu liefern. Alle Beiträge sind willkommen und gleichermaßen wertgeschätzt. Die Darsteller arbeiten eng zusammen, unterstützen sich und arbeiten auf ein gemeinsames Ziel hin – die gelungene Vorstellung. Dadurch, dass alle bei der Entwicklung des Stückes miteingebunden sind, erhält man viele verschiedene Blickwinkel und Meinungen. Ein weiterer Vorteil sei, so berichtete die Freundin, dass sich alle untereinander durch die intensive Zusammenarbeit besser kennenlernten. Je mehr sie erkannten, dass den eigenen Beiträgen mit Respekt begegnet wurde, umso eher waren die Teilnehmer auch bereit, andere an ihren Ideen teilhaben zu lassen. Das Ergebnis: bessere Entscheidungen, kreativere Ergebnisse, erfolgreichere Aufführungen.

Der zweite zentrale Aspekt beim Projekt »Aristotle« betraf die Zuverlässigkeit oder auch Berechenbarkeit jedes einzelnen Teammitglieds. In erfolgreicheren Teams übernahmen die Teilnehmer stärker Verantwortung und zeichneten sich durch höhere Pünktlichkeit aus. Vereinfacht ausgedrückt: Sie waren berechenbarer! Jeder konnte sich auf jeden verlassen. Der Mensch per se ist ein Sicherheitsfanatiker. Das liegt in unserer Natur und hat uns bis heute das Überleben gesichert. Wenn wir Verlässlichkeit und Berechenbarkeit als Basis für Sicherheit verstehen, macht es Sinn, dass sie sich auch positiv auf die Teamarbeit auswirken. Weiß ich, wie jemand in welcher Situation reagiert, fühle ich mich sicher, weil ich einschätzen kann, was passieren wird.

So funktionieren wir seit Anbeginn unserer Spezies, und die verglichen damit noch in den Kinderschuhen steckende Digitalisierung wird daran nichts ändern – und zwar unabhängig davon, ob wir vom beruflichen oder privaten Umfeld sprechen. Dieser Effekt wird dadurch, dass Sicherheit im permanenten Wandel immer schwieriger zu haben ist, eher noch verstärkt: Wir sehnen uns nur umso mehr nach Sicherheit, was sich als Bedürfnislage natürlich auch auf die Teamarbeit auswirkt – nämlich positiv, wenn wir diesen Faktor berücksichtigen.

Ebenfalls einen hohen Stellenwert maßen die »Aristotle«-Durchführenden laut ihren Ergebnissen dem dritten, eher konservativen Faktor zu: Struktur und Übersichtlichkeit. Beide zahlen auf die Orientierung ein, die uns so wichtig ist. Wenn die Mitarbeiter verstehen, welche Erwartungen an sie gestellt werden und an welchen Zielen das Team arbeitet, ist dadurch automatisch eine stärkere Transparenz auch innerhalb des Teams gewährleistet.

Als vierten Erfolgsfaktor nannten die Durchführenden die Sinnhaftigkeit. Für die Effektivität des Teams ist es elementar, ob die Mitarbeiter auch persönlich einen Sinn mit der eigenen Arbeit verknüpfen. Das kann auf unterschiedliche Weise erfolgen: angefangen bei monetären Anreizen, der Unterstützung der Familie oder Selbstverwirklichung. Zudem – das ist die andere Komponente von Sinn – waren sich die Teammitglieder in den erfolgreicheren Teams darüber im Klaren, welche Relevanz die eigene Arbeit im Zusammenhang mit dem Erfolg des Unternehmens hat.

Letztendlich kann man die Bedürfnisse der Menschen, die in einem Team zusammenarbeiten, auf einen einfachen Nenner reduzieren: Sie wollen gesehen und gehört werden sowie Sinn stiften. Dadurch erhalten sie Relevanz. Jeder Mensch sucht nach seiner Berechtigung. Ein Unternehmer sagte einmal zu mir: »In jedem Menschen steckt ein König. Sprich ihn an und er wird herauskommen.« Das war auch die Überzeugung meiner Freundin in ihrer Theatergruppe. Gerade für Schauspieler ist es wichtig, im Mittelpunkt zu stehen. Wie schafft es also eine ganze Gruppe von Menschen, diesem Bedürfnis gerecht zu werden? Indem tatsächlich jeder gehört wird und zu Wort kommt. Das wiederum erfordert das Festlegen von Spielregeln und die Förderung von Kooperation. Das ist ein wichtiger Teilaspekt deines Jobs als Führungskraft: Menschen kontinuierlich zu ermutigen und in einer positiven Haltung zum Team zu bestärken.

Der ehemalige Vier-Sterne-General Stanley McCrystal hat Führung als Vier-Stufen-Modell umschrieben: »Listen, learn, support« – und erst an vierter Stelle steht »lead«.[6] Übersetzt: »Hör zuerst zu, lass andere reden, lerne daraus und unterstützte deine Leute entsprechend. Erst dann führst du wirklich Menschen.

Wie du dein Team stärkst

Gut funktionierende Teams zeichnen sich immer durch ein starkes Wir-Gefühl aus. Viele Institutionen wie Sportmannschaften, Privatschulen, Vereine oder auch Unternehmen versuchen dies schon rein optisch durch ein aufgedrucktes Logo oder einheitliche Kleidung zu fördern, sodass man sich automatisch als »zugehörig« empfindet. Doch für bessere Ergebnisse durch Teamarbeit reichen weder das Logo noch das Gefühl der Sicherheit, das von einem Team ausgeht. Dazu benötigt ein Team auch ganz klare und messbare Ziele.

Erst durch das messbare Ergebnis wird vor allem in qualifizierten und leistungsbewussten Teams der Sinn und Zweck des gemeinsamen Tuns erlebbar. Häufig hilft die Definition eines eher philosophischen, übergeordneten Ziels dabei nur bedingt. Wir leben in Zeiten der sogenannten »Backlogs« – Tabellen, die große Ziele in Einzelziele zerlegen, diese den Akteuren zuordnen und die Verantwortlichkeiten transparent machen. Dadurch werden umgehend die Rolle und die Bedeutung des Einzelnen klar. Durch den Abgleich der vorhandenen Ressourcen mit den Zielen wird im Vorfeld die individuelle Verantwortung zugewiesen. In einigen Teams werden die Umsetzungsstrategien auch diskutiert oder gar gemeinsam entwickelt. So erscheinen Ziele eher lösbar, egal, wie ambitioniert sie sind.

Viele Vorgesetzte wissen um den Wert von Ritualen in Teams und zelebrieren regelrecht die Meilensteine auf dem Weg zur Zielerreichung. Das muss nicht gleich in eine Riesen-Firmenfeier münden: Offsite-Socializing in Form eines kleinen Umtrunks in der nahe gelegenen Bar nach Büroschluss oder kleinere Aufmerksamkeiten wie eine Flasche Champagner fürs Team, die gemeinsam getrunken wird, stärken die persönliche Bindung der Teammitglieder untereinander. Rituale festigen die Teambindung, stärken das Gefühl der Zugehörigkeit und federn auch negative Emotionen ab.

Um die Angst oder Unsicherheit bei besonders hoch gesteckten Zielen zu reduzieren, übermittle deinem Team ganz deutlich, dass es sich bei den jeweiligen Projekten immer um Lernfelder handelt, die auch von anderen Faktoren abhängig sind. Jeder versteht dann, dass bei jedem Projekt eine Portion Ungewissheit mitschwingt. Die Mitarbeiter stellen so fest, dass nicht alles vorhersehbar und von ihnen allein abhängig ist. Unterstützend kann auch wirken, dass du als Impulsgeber deine eigene Fehlbarkeit thematisierst, indem du vielleicht auch einmal deine Teammitglieder konsultierst: »Mir scheint hier etwas zu fehlen, was denkst du darüber? Ich schätze deine Meinung an dieser Stelle.« Durch die Einbeziehung ermutigst du deine Mitarbeiter, sich zu äußern und Verantwortung für das Ergebnis zu übernehmen. Du stellst dich mit ihnen auf Augenhöhe und zeigst, wie sehr du ihren Beitrag schätzt. Zeig dich neugierig und hinterfrag, wie die anderen zu deinen Ideen und Thesen stehen. Reg alle zum permanenten Austausch an. So kommen auch neue Ideen schneller ans Licht und das Team fürchtet sich weniger vor Fehlern.

Du kannst das noch stärker betonen, indem du neue Mitarbeiter, die weitaus jünger und unerfahrener sind, ehrlich nach ihrer Meinung fragst. Erfolgt das bei einem Meeting, bei dem alle anwesend sind, setzt das deutliche Signale – so lebst du nicht nur Wertschätzung und Augenhöhe, sondern zeigst deinem ganzen Team, dass tatsächlich jeder Relevanz und Bedeutung hat. Frag die »Neuankömmlinge«, was sie in deinem Bereich verändern würden, obwohl sie vielleicht erst ein paar Wochen dabei sind. Durch die regelmäßige Einbeziehung aller wird automatisch ein Miteinander gefördert, wo in einem althergebrachten, weniger transparenten Umfeld oft ein Gegeneinander entstand.

> **»Für mich ist jeder Mensch einzigartig, und ich frage mich immer: Was kann ich von ihm lernen?«**

Wie wichtig Vertrauen und damit verbunden die psychologische Sicherheit für das Engagement der Menschen ist, die in Teams arbeiten, bestätigt die größte Studie zum Thema, die das ADP Research Institute (ADPRI) 2019 erstellte. Ziel war es herauszufinden, wie Unternehmen Mitarbeiter gewinnen, aber auch ans Unternehmen binden können. 83 Prozent der über 19 000 Befragten weltweit gaben an, dass sie den größten Teil ihrer Arbeit in Teams erledigen. Man stellte zum einen fest, dass die Qualität des Teamerlebnisses maßgeblich die Qualität des Arbeitserlebnisses bestimmt. Damit ist gemeint, welches Feedback jedes Teammitglied von den anderen erfährt, inwiefern man füreinander einspringt, wie die Fähigkeiten sich ergänzen, in welcher Form man einander Rat gibt und vieles mehr. Ein positives Teamerlebnis wird zusätzlich dadurch gestärkt, inwiefern die Teamkollegen und der Teamleiter täglich anwesend sind, sodass die Unterstützung im gegebenen Fall auch physisch möglich ist. Wenig überraschend hatte das Teamerlebnis einen hohen Einfluss darauf, inwiefern ein Teammitglied bereit war, das Unternehmen zu verlassen, aber auch, wie innovativ er oder sie war – sogar, wie glücklich.

Das Fazit der Studie: Wenn die Mitarbeiter sich als Teil eines Teams verstehen, ist der Anteil voll engagierter Mitarbeiter doppelt so hoch, als wenn sie sich nicht zugehörig fühlen. Wenn sie darüber hinaus noch Vertrauen in den Chef haben, steigt der Anteil ihres Engagements wiederum doppelt so stark an.[7]

Welche Grundsätze für die Teamarbeit kannst du aus diesen Erkenntnissen mitnehmen? Wenn du ein leistungsfähiges, engagiertes Team haben möchtest:

1. Schaff eine starke Vertrauensbasis.
2. Sorg dafür, dass jeder Einzelne konkret weiß, was an seinem Arbeitsplatz von ihm / ihr erwartet wird und wie sich das ins Gesamtbild fügt.
3. Erkenn die Talente und Fähigkeiten des Einzelnen an und setz sie oder ihn in Projekten dementsprechend ein.

Reduziert auf eine einfache Formel: Wenn man Hochleistungsteams formen möchte, gibt es nur eine Währung: echte und menschliche Aufmerksamkeit für jedes Teammitglied! Grundsätzlich wird geraten, mindestens einmal pro Woche mit jedem aus dem Team ein Vieraugengespräch zu führen. Das muss nicht zwingend im Büro passieren. Heute wirkt es oft unterstützend für Mitarbeiter mit unterschiedlichen Lebensentwürfen, wenn sie sich aussuchen können, wann und wie sie arbeiten. Gleichzeitig gibt es inzwischen allerdings auch Unternehmen, die ihre Mitarbeiter wieder stärker ins Büro zurückholen, darunter auch Konzerne wie Yahoo oder IBM.[8] Um effektiv miteinander zu kooperieren, scheint es zumindest in manchen Teams in bestimmten Branchen doch förderlich zu sein, dass sich die Menschen persönlich begegnen und austauschen können.

Im Rahmen meiner Podcast-Produktionen kam mir ein markantes Beispiel dafür zu Ohren. Sabine, eine COO (Chief Operating Officer), erläuterte mir das Geschäftsmodell der Agentur, für die sie aktuell auf dieser Position als Interimsmanagerin im Einsatz ist. Das ist in ihrem Job die Regel: Sie sitzt bei ihren Kunden im Unternehmen und zeichnet für den reibungslosen Ablauf des operativen Geschäfts und die Betriebsabläufe verantwortlich. Gleichzeitig trägt sie weitreichende tägliche Entscheidungen in der Firma mit.

Sie liebt es, Dinge zu strukturieren. So kann sie aus dem Stand wiedergeben, dass das Alter der meisten Mitarbeiter in ihrer aktuellen Wirkungsstätte, einem Start-up, zwischen 25 und Anfang 30 liegt. Damit ist das Unternehmen vom Hintergrund her nicht nur »digital native«; die Ausbilder haben auch von der Ausbildung oder dem Studium her fast ausschließlich digitale Wurzeln. Das Büro liegt im weiteren Frankfurter Umfeld. Daher gestaltete es sich schwierig, Menschen zu rekrutieren, die bereit waren, zwischen Stadt und Land zu pendeln. So entschied man sich, die »Digitals« einfach alle »remote«, also vom Homeoffice aus, arbeiten zu lassen. Schon kurz darauf stellte man allerdings fest, dass es so nicht möglich war, eine Identität oder Kultur aufzubauen. Diese Erkenntnis bildete den Startschuss für ein geändertes Arbeitsformat: Die Mitarbeiter haben Montag und Dienstag Anwesenheitspflicht, und den Rest der Woche kann die Arbeit vom Homeoffice aus erledigt werden. Die Zusatzkosten, die dabei entstehen, ist dieser Vorteil dem Unternehmen wert. Wie soll eine gemeinsame Identität entwickelt werden und das Gefühl entstehen, an einem Strang zu ziehen, wenn man die Kollegen kaum kennt und deren Werte und Intentionen nicht einschätzen kann?

Teamspirit heißt auch: Grenzen wahren

Schon Charles Darwin hat festgestellt, dass nicht die intelligenteste oder stärkste Spezies überleben wird, sondern die anpassungsfähigste. Wenn wir mal ehrlich sind, hat die bisherige Kultur besonders in großen Unternehmen in jedem Chef eher das Einzelkind als den Teamplayer gefördert. Das, was die Abteilung leistete, wurde vielfach als die alleinige Leistung des Chefs proklamiert. Und in vielen Abteilungen und Unternehmen läuft es noch immer so. Das Umdenken im Zuge der Digitalisierung ist in vielen Unternehmen leider noch nicht so weit, wie es mittlerweile sein sollte.

Die Stärke einer Gruppe erwächst nicht allein aus dem Zusammenwirken auf ideeller und operativer Ebene. Dementsprechend beschränkt sich auch die Rolle des Vorgesetzten nicht aufs Rekrutieren, Orchestrieren und Motivieren. Als Führende sind wir immer auch Grenzschützer!

Was meine ich damit? Jedes funktionierende Team agiert im geschützten Rahmen innerhalb seiner Grenzen. Diese Grenzen definieren sich durch die Teammitglieder. Alles, was nicht zum Team gehört, kommt von »außerhalb«. Und Gefahren von »außen« lauern überall. Das ist nicht gut oder schlecht, sondern einfach eine Tatsache. Ob es sich um Anfeindungen von anderen Abteilungen handelt, um schlechte Ergebnisse oder um gefährlich gute Innovationen von der Konkurrenz, um Abwanderungen von Kunden zu Mitbewerbern und was immer ein freier Markt sonst noch so an Überraschungen bereithält: Eine gewisse Resistenz gegen äußere Faktoren gehört dazu. Bei allem Netzwerkcharakter des digitalen Arbeitens ist eine gewisse Grenzziehung, wie der Wettbewerb sie zwingend mit sich bringt, deshalb durchaus gesund. Es liegt vor allem an dir als Grenzschützer, dieses Gefühl zu vermitteln: Alle für einen! Gerade in Zeiten der virtuellen Teams ist es nicht immer einfach, diese Art von Zusammenhalt aufzubauen und zu fördern. Daher muss jede Gelegenheit genutzt werden, das Teamgefühl zu vertiefen und Rituale zu pflegen, die dabei helfen – immer unter Mitwirkung aller.

Die Grenzziehung beginnt damit, dass nur Kollegen ins Team aufgenommen werden, die in die Gruppe passen. Der Filter hierfür ist das Recruiting. Die Mitarbeiter sollten zur Teamkultur passen und die gemeinsamen Werte teilen. Ich erlebte neulich in einem Unternehmen live mit, wie die CEO eine interne Bewerberin für eine bestimmte Rolle ablehnte, indem sie ihr klar sagte, aus welchen Gründen sie aus ihrer Sicht nicht ins fragliche Team passe. Das wurde von der Bewerberin so positiv aufgenommen, dass sie sich für die offenen Worte bedankte und die Ablehnung der Verantwortlichen nicht etwa ankreidete, sondern sie umgekehrt sogar als wertschätzend empfand, weil sie durch das Gespräch einiges über ihre Rolle und die Zusammenhänge im Unternehmen lernte.

Einfacher und treffsicherer werden Personalentscheidungen, wenn Teammitglieder von vornherein in den üblichen Rekrutierungsprozess eingebunden sind. So wird sichergestellt, dass auch die Kollegen, die später enger mit dem Neuzugang zusammenarbeiten, ihr Einverständnis und gleichzeitig ihr Commitment geben, das neue Teammitglied aktiv zu integrieren. Es ist immer hilfreich, mehrere Blickwinkel auf eine Personalentscheidung zu erhalten. Gleichermaßen wirkt es bestärkend, wenn andere Kollegen und Kolleginnen den gleichen guten Eindruck von einem Bewerber haben. So kann die Personalabteilung sich manche teure Fehlentscheidung sparen. Der Vorgesetzte des Teams wacht als Grenzschützer allerdings trotzdem verantwortlich darüber, dass die Passung zum Team stimmt – er muss im Zweifel auch zwischen verschiedenen Einzelmeinungen abwägen. Als Kopf deines Teams bist du verantwortlich dafür, wer in euren »inner circle« hineindarf und dass die Regeln und Werte eurer Zusammenarbeit von Anfang an klar übermittelt werden, damit die Neuen sich schnell zu Hause fühlen und das Miteinander reibungslos funktioniert. Dazu gehört natürlich auch, darauf zu achten, dass deine Teammitglieder von Kollegen oder Kunden nicht schlecht behandelt werden und du dich nötigenfalls einschaltest, um zu vermitteln oder zu schlichten. Das ist ein deutliches Signal, wie du zu deinem Team stehst und für welche Rolle du Verantwortung übernimmst.

In erfolgreichen Teams werden Menschen nie nur als Mitarbeitende, sondern immer auch als Menschen betrachtet, die private Anliegen und Probleme haben, auf ihre Kinder stolz sind und auch über private Familienerlebnisse und ihre Freizeitaktivitäten und Hobbys erzählen möchten. Man interessiert sich nicht nur geschäftlich für den anderen und ist auch mit Rat und Tat zur Stelle. Nichts formt den Teamcharakter mehr und bringt einander näher, weil Menschen sich dann ganzheitlich mit all ihren Stärken und Schwächen einbringen und auch ihre Kollegen kennenlernen. Ansichten über Lebenshaltungen zu erfahren, die über berufliche Ziele und Leistungen hinausgehen, ermöglicht es uns, Menschen in allen ihren Facetten zu erkennen. Ja, das erfordert die entsprechende Offenheit und Kommunikation, die immer vom Grenzschützer mitbestimmt wird. Der Teamleiter trägt somit entscheidend zur mentalen Gesundheit des Teams bei.

In funktionierenden, leistungsfähigen Teams wird die Teamfähigkeit mindestens zweimal im Jahr gemessen. Unser Institut hat hierzu spezielle Messinstrumente entwickelt, die jede Nische deutlich machen, wo innerhalb von Teams genauer hinzusehen ist, damit die Kultur entsprechend weiterentwickelt werden kann.

Der Influencer: Teamplayer oder Einzelgänger?

Und was können wir von den Influencern über das Thema Teambuilding lernen? In dieser Frage war ich zunächst skeptisch – sind die digitalen Helden nicht oft eher »einsame Wölfe« hinter ihrem Bildschirm? Ein großer Irrtum: Ich wurde positiv überrascht.

Die entscheidende Kennzahl für den tatsächlichen Einfluss eines Influencers ist in der Regel seine Reichweite in den sozialen Netzwerken. Es wäre also leicht, dem Irrtum zu erliegen, damit wäre es getan. Viel zu viele Entscheider agieren hier oberflächlich und achten nur auf die Likes, Shares und Follower. Das kommt daher, dass viele Marken ihren Fokus allein auf die »Präsenz« im Netz legen. So wählen sie als Markenbotschafter oft einfach die Influencer aus, die

die größten Reichweiten haben, sprich Follower besitzen.

Immer mehr Marketingexperten wird inzwischen klar, dass dies sehr kurz gedacht ist. Denn durch zu häufig wechselnde und zusammenhanglose Kooperationen ohne klare inhaltliche Verbindung zu den Followern geht die Glaubwürdigkeit eines Influencers im Kontext der Marke schnell verloren. Es ist ähnlich, als wenn du einem Vorgesetzten folgst, weil er eine Unmenge an Versprechungen macht, etwa Homeoffice für alle, sich aber nicht wirklich dafür starkmacht und sechs Monaten später immer noch nichts passiert ist. Gefolgt wird demjenigen, der hält, was er verspricht, und der sich mit seinen Inhalten identifiziert.

>>Ich sehe mich als Mittler zwischen den Generationen – die Digital Natives ticken wie wir Älteren, nur unter anderen Rahmenbedingungen.<<

Tatsächlich ist es mittlerweile so, dass viele Influencer deshalb auch ihrerseits nicht mehr rein auf die Bezahlung fokussiert sind, sondern sich als Content-Produzenten sehen, nicht einfach nur als »Gesicht« für eine vorgefertigte Kampagne. Sie möchten selbst Inhalte produzieren und wollen Teil des kreativen Prozesses rund um die Marke werden, ihn sogar maßgeblich mitbeeinflussen. Hier sehe ich eine deutliche Verbindung, nicht nur zum menschlichen Bedürfnis, dazugehören zu wollen, sondern auch zur bereits thematisierten Sinnstiftung in der Zusammenarbeit. Ein glaubwürdiger Influencer will erkennen, was sie oder er selbst zum Erfolg des Produkts oder der Marke beitragen kann. Immer mehr Influencer haben Interesse daran, als Teammitglied vom Unternehmen gesehen zu werden, sodass auch eine langfristige Zusammenarbeit möglich ist. Dafür ist er oft sogar bereit, bei der Produktentwicklung mitzuwirken. Wenn die gleichen Werte geteilt werden, kann das für beide Partner – Influencer und Unternehmen – eine Win-win-Situation darstellen.

Aus dieser Entwicklung heraus zählt beim Influencertum heute dann auch nicht mehr die reine Quantität der Verbreitung, sondern wichtig sind die sogenannten »meaningful interactions« mit den Followern.[9] In einer besonders eingeschworenen Community gibt es eher besonders hochwertige Interaktionen. Damit ist die Gruppendynamik gemeint, die entsteht, wenn sich Mitglieder einer Gemeinschaft offen und intensiv über Produkte und Marken austauschen. Es entstehen – getriggert durch den Influencer – wertvolle Verbindungen, die sich im Laufe der Zeit immer fester knüpfen. In der Community zu einem Thema, die sich oft um einen Influencer herum bündelt, soll jeder seine Meinung äußern. Das ist ausdrücklich erwünscht, sonst findet keine Dynamik und keine Weiterentwicklung statt. Man spricht dabei auch von einer »emotionalen Eingebundenheit« der Teammitglieder. Diese eingeschworene Gemeinschaft wird durch den Influencer moderiert und geleitet durch seine Impulse und bietet erst dann echten Mehrwert durch die Beiträge aller Beteiligten.

Dabei ist es unerheblich, von welcher Community wir sprechen – ob es um Reiseziele, Automarken, Tech-Produkte oder bestimmte Lebensthemen geht. Die jeweilige Community verteilt sich über unterschiedliche, zum Thema passende Kanäle, in denen auch die Follower präsent sind. Dabei sorgen diese Communitys nicht nur für eine bessere Übersicht, sondern auch für Beständigkeit in einer Zeit von Informationsüberflutung: Man lernt schnell, an wen man sich mit Fragen wenden und auf wessen Expertise man sich verlassen kann.

Aus all diesen Gründen ist es für Unternehmen so interessant, in den entsprechenden Communitys zu ihrem Thema zu partizipieren. Sie wirken wie eine Art Marktbarometer, das wertvolle Einsichten über die Bedürfnisse und Trends in der Zielgruppe liefert. Die Informationen, die Marken auf diese Weise enthalten, können ganz unterschiedlich genutzt werden – vom Marketing bis hin zur Produktentwicklung.

Fazit: Moderne Führung basiert auf Influence

Das entscheidende Unterscheidungsmerkmal der Führung im digitalen Zeitalter ist das folgende: Es geht bei ihr immer um Einflussnahme, also um »Influence«, nicht mehr um Autorität wie früher. Diese Erkenntnis wirkt einfach und klar und ist doch so komplex: In ihr stecken all die Aspekte, die wir im Laufe dieses Buches diskutiert haben.

Führung ist im Vergleich zu früher nicht einfacher, sondern im Gegenteil hochkomplexer geworden. Doch damit gehen mehr Vorteile als Nachteile einher. Sie kann dadurch umso inspirierender für alle Beteiligten sein. Das funktioniert nur, wenn wir als Führungskräfte uns als Teil von Netzwerken verstehen, nicht als Spitze einer Pyramide. Unsere Zusammenarbeit wird zukünftig noch stärker von Kooperation geprägt sein. Damit verändert sich die Rolle des Chefs immer mehr weg vom Entscheider hin zum Moderator, Motivator und Förderer.

Unsere Zusammenarbeit wird uns allen viel mehr Flexibilität abverlangen, dafür aber auch Chancen bieten, wenn wir sie zu nutzen verstehen. Eine schöne Metapher, um diese Agilität zu verdeutlichen, hat Wilfried Porth, Vorstandsmitglied der Daimler AG, gefunden: Er verglich agiles Arbeiten im digitalen Kontext mit einem Segeltörn. So sei dabei zwar der Zielhafen definiert, vieles andere könne zu Beginn der Reise aber nicht im Detail festgelegt werden. Deshalb kalkuliere man immer mit einer entsprechenden Portion Unsicherheit, um sich die Flexibilität zu wahren, die nötig ist, um auf Unwägbarkeiten und sich schnell verändernde Rahmenbedingungen zu reagieren und den Kurs von Zeit zu Zeit anpassen zu können.[10]

Letztlich gibt es keinen Grund, Angst vor der Digitalisierung und der neuen Art von Führung zu haben. Unsere Intelligenz befähigt uns zum Umgang mit der Veränderung. Wofür wir allerdings Sorge tragen müssen, ist, dass wir alle als Gemeinschaft dafür sorgen, dass die Veränderung sich zum Vorteil für den Menschen darstellt.

Darauf wies unter anderem Stephen Hawking hin, dessen intellektuelle Begleitung wir bei den nächsten Schritten unserer Zivilisation vermissen werden.

Eines steht für mich außer Frage: Der Faktor Mensch wird auch in Zeiten der Künstlichen Intelligenz mehr denn je im Mittelpunkt des wirtschaftlichen Geschehens stehen. Das gilt für unsere Kunden, für unsere Mitarbeiter und auch für uns selbst als Führende. Selbstverständlich wird sich die Rolle des Menschen im Zusammenspiel mit autonom ablaufenden oder mobilen Prozessen auf viele Anteile unserer Arbeit auswirken. Umso mehr erfordert unsere Zusammenarbeit künftig ein hohes Maß an emotionaler Intelligenz bei jedem Einzelnen, damit die Kultur und Organisationen so geprägt werden, dass sie dem zeitgemäßen Führungsverständnis entsprechen.

Die Gewinner dieser Entwicklung werden jene Führungskräfte und Unternehmen sein, die das verstanden haben. Unser Ziel besteht darin, die Erfahrungen des analogen Zeitalters mit den Vorteilen und Chancen des digitalen Zeitalters zu kombinieren, diesen Fortschritt für unser Team in eine klare Orientierung zu übersetzen und diese Vorteile auch in der Umsetzung zu nutzen.

Modernes Leadership benötigt also zusätzliche Orientierungswerte, die über die bisherigen harten und messbaren Zielwerte hinausgehen. Dazu benötigen Führungskräfte Weiterbildung mit hohen Anteilen an Reflexion. Nur so können sie ihr Handeln neu ausrichten und Herausforderungen neu denken und dabei zugleich die nötige Flexibilität wahren. Verlässliche Prognosen werden in der vielschichtigen Welt der nächsten Jahre und Jahrzehnte selten zu treffen sein. Dadurch wird ein Großteil der Zusammenarbeit auf ein gewisses Maß an »trial and error« hinauslaufen. Die Führungskraft sorgt dabei nicht nur dafür, dass ein reibungsloser Informationsfluss und Transparenz herrschen; sie fördert bei alldem auch ein entspanntes und dabei verbindliches Menscheln, das uns allen den Umgang mit der permanenten Veränderung emotional erleichtert.

Die Kunst der Führung ist es in Zukunft, Individualität zu fördern und geschickt zu koordinieren, damit das Team mehr ist als die

Summe seiner Teile und sich seine Einzigartigkeit und Heterogenität in nicht minder außergewöhnlichen Ergebnissen niederschlägt. In einer Gesellschaft, in der Lernen zum Alltag wird, muss das ständige Lernen gefördert werden, damit auch die älteren Arbeitnehmer nicht den Anschluss verpassen und die Zukunft aller gesichert wird. Mit dieser neuen Sicht auf das Prinzip Führung haben wir die Möglichkeit, unsere Arbeit an der Spitze von Teams und Unternehmen als Weg zu sehen, die Menschheit ein Stück weiter voranzubringen.

Ich wünsche dir dabei viel Erfolg und hoffe, dir mit diesem Buch einige Impulse geliefert zu haben! Deine Führungskompetenz wird vor allem an den schwierigen, nicht an den einfachen Tagen im Führungsalltag gemessen. Sich dieser Herausforderung in unsicheren Zeiten zu stellen, bedarf nicht nur Mut, sondern auch des Willens zur Gemeinschaft. Werde zum Influencer, und du wirst mehr als führen!

Auch am Ende dieses letzten Kapitels möchte ich dir mit einigen Fragen wieder Anreize zur Selbstreflexion geben, die dir helfen können, deine Entwicklung und die deines Teams gezielt anzugehen.

 ## Reflexionsfragen

1. Wie stark schätzt du den Zusammenhalt in deinem Team ein?

2. Inwiefern ist jedem in deinem Team aus deiner Sicht seine Rolle und Bedeutung im größeren Kontext bewusst?

3. Wie gut können deine Mitarbeiter – und du selbst – das große Ganze beschreiben, auf das eure Arbeit einzahlt?

4. Wie oft kommen deine Mitarbeiter mit neuen Ideen auf dich zu?

5. Wie viel Raum für Individualität bleibt in deinem Team – sowohl für persönliche Stärken als auch für kulturelle/charakterliche Unterschiede?

6. Wird diese Unterschiedlichkeit als Vorteil zelebriert und genutzt?

7. Passt die Art, wie ihr zusammenarbeitet, zu euren Aufgaben und eurer Rolle innerhalb des Unternehmens?

8. Inwiefern siehst du dich aktuell in deinem Unternehmen als Influencer (vs. einer Weisungsautorität im hierarchischen Sinne)?

9. Wie könntest du dich noch besser als Influencer positionieren, dem deine Mitarbeiter freiwillig folgen und mit dem sie aus purer Leidenschaft für das Thema in Austausch treten?

10. Betrachten sich deine Teammitglieder ebenfalls als Influencer (im Sinne von Botschaftern) eurer gemeinsamen Sache nach innen und außen? Welche Signale senden sie dabei aus?

11. Welche »bedeutungsvollen Interaktionen« gibt es in deinem Team, und welche weiteren könntest du etablieren?

12. Welche Influencer aus deinen eigenen Interessengebieten inspirieren dich, und inwiefern könntest du dir als Führender ein Beispiel an ihrer Art nehmen, positiven Einfluss auszuüben?

Dank

Danksagungen stehen immer am Schluss. Tatsächlich habe ich in Erwägung gezogen, sie in diesem Buch einmal an den Anfang zu stellen. Schließlich wäre dieses Buch ohne die Impulse meiner Inspiratoren nur halb so praxisnah geworden.

Jedem meiner Familienmitglieder, meiner Freunde und Freundinnen, meiner Kollegen und Kunden ein dickes Lob, dass sie mich während meiner Schreibphase ertragen haben!

Ganz besonders möchte ich mich bei meinen Gesprächspartnern aus dem Silicon Valley bedanken. Sie haben mich empfangen, obwohl ich einigen von ihnen zu diesem Zeitpunkt noch nicht einmal persönlich bekannt war. Und doch zögerten sie keine Sekunde, ein persönliches Gespräch mit mir zu führen. Besonders hervorheben möchte ich an dieser Stelle den Trendforscher Dr. Mario Herger, selbst Buchautor und im Silicon Valley ansässig, nicht zuletzt auch für die Fahrt mit dem Tesla. Ebenso gilt mein besonderer Dank Stefan F. Schnabl, Product Lead bei Google, der mich bei Google empfangen hat und seine Thesen über Digital Leadership mit mir diskutierte. Ich freue mich über unsere Übereinstimmung an vielen Stellen.

Großer Dank gilt auch Caroline Raynaud, Präsidentin der Deutsch-Amerikanischen Gesellschaft im Valley, die mich inspirierte, bei meinem nächsten Besuch einen Vortrag zu diesem Buch zu halten, sowie Kerstin Ewelt, Head of Marketing & Business Development Northern Europe der Plattform Quora, auf der ich regelmäßig als Autorin poste. Danke für die tolle Führung in Mountain View, die Impulse und Inspirationen und das »warm welcome«!

Ich freue mich, dass der GABAL Verlag, insbesondere Dr. Sandra Krebs und Ursula Rosengart, erneut ihr Vertrauen in mich und dieses Buchprojekt investiert haben. Schließlich danke ich den beiden Branchenkennern Jörg Achim Zoll und Gerd König, die an der einen oder anderen Stelle wertvolle Impulse lieferten.

Und nun zu dir, liebe Leserin, lieber Leser: Dir danke ich dafür, dass du meinen Gedanken über die Themen, die uns beide bewegen, deine Aufmerksamkeit geschenkt hast. Gern möchte ich dich im Gegenzug ermuntern, mit mir in den Austausch zu gehen – on- oder offline. Ich würde mich freuen, deine Bekanntschaft zu machen und dir zuzuhören.

Barbara Liebermeister

Glossar

Babyboomer: die Generation der um 1964 Geborenen. Zu dieser Zeit des Wirtschaftswunders und des politischen und wirtschaftlichen Optimismus kamen in Gesamtdeutschland 1 357 304 Babys auf die Welt – so viele wie nie zuvor. Bereits kurz darauf flachte die Geburtenrate wieder ab.

Blog / Weblog: eine Art persönliches Tagebuch oder Journal, in dem der → *Blogger* regelmäßig seine Gedanken veröffentlicht und / oder Sachverhalte → *postet*. Die Nachrichten werden chronologisch dargestellt. Vgl. auch → *Microblog*

Blogger / Weblogger: Autor eines → *Blogs*

Buddies: (engl. buddy: Freund, Kumpel) Das »Buddy-Prinzip« ist die Absicherung durch gegenseitige Kontrolle durch einen Freund, einen direkten Begleiter, auch bekannt aus der Disziplin des Sporttauchens: Absicherung durch den zweiten Taucher.

CDO / Chief Digital Officer: verantwortlich für die Umsetzung der digitalen Transformation in einem Unternehmen, meist eine Person, die über eine hervorragende Digitalkompetenz verfügt, sich mit der Entwicklung der Märkte diesbezüglich auseinandersetzt und die eigene Organisation im richtigen Maß transformiert. »Richtig« heißt in diesem Zusammenhang: ausgehend vom jetzigen Stand im Unternehmen und in dem Maße, wie es das Unternehmen »verträgt«.

CEO / Chief Executive Officer: der Hauptgeschäftsführer eines Unternehmens

Community: (engl. für »Gemeinschaft«) meint in der Regel eine Onlinecommunity, eine Gruppe von Personen im Internet, die im virtuellen Raum miteinander kommunizieren und interagieren. Darüber hinaus werden auch Mailinglisten und Newsgroups als abgegrenzte Communitys aufgefasst.

COO/Chief Operating Officer (manchmal auch Chief Operations Officer): der Manager, der das operative Geschäft leitet, führt und betreut (hierunter fallen alle Betriebsprozesse oder betrieblichen Leistungen). Er ist dafür verantwortlich, dass die Ideen umgesetzt werden, und gilt eher als der Pragmatiker oder Macher unter den Managern und berichtet an den → *CEO*.

Digital Immigrant: (engl. für »digitaler Einwanderer«) jemand, der nicht mit den digitalen Medien aufgewachsen ist, sondern erst im erwachsenen Alter gelernt hat, damit umzugehen. Im Allgemeinen werden damit die Personen bezeichnet, die vor 1985 geboren sind. Vgl. → *Digital Native*

Digital Native: (engl. für »digitaler Eingeborener«) jemand, der in der digitalen Welt, also mit den digitalen Medien, aufgewachsen ist. Vereinfacht sind es die nach 1990 Geborenen. Das Gegenstück dazu sind die → *Digital Immigrants*.

Digital Nomad: häufig auch als »Büronomade« oder »Internet-Nomade« bezeichneter Mensch, der fast ausschließlich digitale Technologien verwendet, um seine Arbeit zu erledigen, und gleichzeitig ein ortsunabhängiges und multilokales Leben führt.

Downager: die Generation der über 50-Jährigen, die ihre Lebensphase als eine Art zweiten Aufbruch verstehen, die, gerade im Rentenalter, einer neuen Leidenschaft nachgehen und weiterhin erwerbstätig bleiben. Vereinfacht ausgedrückt würde man diese Generation als »jung gebliebene« dynamische ältere Generation bezeichnen, die noch wertschöpfend aktiv ist.

FaceTime: eine App, mit der man auf dem iPhone einen Videoanruf tätigen kann. Für Android-Nutzer steht dafür z. B. die App »Google Hangouts« zur Verfügung.

Follower: (engl. to follow: folgen) jemand, der dir auf den sozialen Plattformen »folgt«, der dich abonniert hat. Es ist sozusagen ein Fan, der keine Nachricht oder Information von dir missen möchte. Der Follower kann deine → *Posts* nicht nur → *liken*, sondern auch kommentieren und selbst auf den → *sozialen Plattformen* teilen und so an sein Netzwerk weiterleiten. Die Anzahl der Follower steht als Maß für Bekanntheit, Image oder Reputation des → *Influencers* in dem jeweiligen Netzwerk.

FOMO: (engl. Abkürzung für »Fear of missing out«) die »Angst, etwas zu verpassen«. Über die → *sozialen Plattformen* verfolgen wir die Aktivitäten unserer → *Communitys* und sehen, was andere unternehmen. Dadurch wird der Druck erzeugt, selbst ständig etwas → *posten* zu müssen, um sich zu beweisen. Bei manchen Menschen soll das sogar so weit führen, dass sie dazu Dinge erfinden, um »mithalten« zu können, oder nur noch online sind, um keine Neuigkeiten ihrer Community zu verpassen. Vgl. → *Nomophobie*

Hate Speeches: unterliegen einer offenen Definition. Im vorliegenden Werk ist damit eine Art »Hassrede«, Verleumdung oder verbaler Angriff gemeint auf bekannte Personen oder auch → *Influencer*. Häufig werden diese Hassreden regelrecht von »Trollen« organisiert, Menschen, die von anderen bezahlt werden, um gezielt Kommunikation zu stören oder bestimmte Inhalte zu verbreiten.

Hype: (engl. für »Medienrummel«) oft für eine übertriebene Präsentation oder künstliche Darstellung eines Ereignisses verwendet. Im vorliegenden Werk als anderes Wort für »Trend« zu verstehen.

Image: (engl. für »Bild«, aber auch »Ruf«) der Eindruck, den eine bestimmte Gruppe, die Öffentlichkeit, die Zielgruppe von einer Person, einem Produkt oder einem Unternehmen hat.

Influencer Leadership®: ein von Barbara Liebermeister geprägtes neues Prinzip der Führung. Es definiert die Führungskraft aufgrund ihres Einflusses auf ihre Mitarbeiter als starke Persönlichkeit, die es einerseits versteht, den Menschen und menschliche Beziehungen in den Mittelpunkt der Führung zu setzen, zu fördern und ohne Macht Einfluss auszuüben, sodass alle Talente des jeweiligen Mitarbeiters im Positiven gefordert und gefördert werden. Die Mitarbeiter sind in höchster Form motiviert. Andererseits werden die Leistungen aller Teammitglieder von der Influencer-Führungskraft so orchestriert, dass sie Spitzenleistungen erreichen.

Influencer: (engl. to influence: beeinflussen) eine in den sozialen Medien und auf sozialen Plattformen vertretene Persönlichkeit, die aufgrund ihrer starken Präsenz und Aktivitäten hohes Ansehen genießt. Influencer gelten als Meinungsführer, da ihnen eine große Zahl → *Follower* folgt und sie aufgrund ihrer Reichweite ihre Fans für Produkte, Meinungen oder Themen begeistern können. Ihre starke Vernetzung in den → *sozialen Medien* bietet Marken und Unternehmen die Chance, ihrem Produkt einen hohen Bekanntheitsgrad zu verleihen und / oder Menschen grundsätzlich in ihrer Meinung zu beeinflussen. Ein Influencer kann aus unterschiedlichsten Branchen kommen. Er wird dann als Influencer bezeichnet, wenn er auf eine relative Anzahl an Menschen Einfluss ausüben kann: Politiker, Sportler, Journalisten, → *Blogger*, Prominente, Schauspieler, aber auch Menschen aus der Wirtschaft gehören dazu.

Influencer-Marketing: Werbebotschaften von Unternehmen werden hier über die → *sozialen Plattformen* wie Facebook und YouTube, → *Instagram* etc. von → *Influencern* übermittelt. Es gibt Agenturen, die sich auf Influencer-Marketing spezialisiert haben. Diese suchen den für die Produkte / das Unternehmen passenden Influencer aus und buchen diesen. Fragen, die sie sich dabei stellen müssen, sind z. B.: Passt der Influencer thematisch und vom Niveau her zu der Marke und welche Überzeugungskraft hat der Influencer in seiner Community?

Instagram: eine der angesagtesten → *sozialen Plattformen*. Es handelt sich um einen werbefinanzierten Onlinedienst, der genutzt wird für das Teilen von Fotos und Videos. Gehört wirtschaftlich zu Facebook. Es handelt sich dabei um eine Mischung aus → *Microblog* und audiovisueller Plattform.

Internet of Things / IoT: Nicht nur Menschen nutzen das Internet, auch Gegenstände (wie z. B. der Fernseher, aber auch Küchengeräte) und Programme werden mit dem Internet verbunden und erleichtern dem Menschen so den Alltag. Gute Beispiele sind die digitale Paketverfolgung oder die »intelligente« Heizung, die im Haus die Temperatur steuert, selbst wenn der Besitzer im Urlaub ist.

Key Influencer: ein → *Influencer*, dessen Einfluss besonders groß ist und der eine sogenannte Multiplikator-Funktion besitzt. Häufig handelt es sich hierbei um → *Blogger* oder auch Journalisten, die ein eigenes Onlinemagazin oder einen eigenen → *Blog* sowie zusätzlich meist noch → *Social-Media-Plattformen* mit hoher Reichweite betreiben. Innerhalb ihrer Community ist die Reputation dieser Personen vergleichbar mit einem Vorbild oder auch Experten.

KI / Künstliche Intelligenz: Eine genaue Definition fällt schwer; meist wird darunter die Anstrengung verstanden, menschliches Lernen und Denken auf den Computer zu übertragen und ihm damit Intelligenz zu verleihen. Dafür soll der Computer so programmiert werden, dass er – ebenso wie der Mensch – eigenständig Antworten findet und Probleme löst.

Liken: (engl. to like: gefallen, mögen) Ausdruck des Gefallens, Wohlwollens. Mit dem Klick auf eine Schaltfläche, oft ein »Daumen hoch«-Symbol, drückt ein Nutzer aus, dass ihm das digital von einem anderen Nutzer Gepostete (→ *posten*) gefällt, er »likt« das Gelesene / Gesehene.

Makro-Influencer: ein → *Influencer* mit → *Followern* im sechs- und siebenstelligen Bereich. Deutlich ist, dass hier die Engagement-Rate sinkt und oftmals nur bei 5 bis 25 % liegt. Häufig werden von den Influencern hier die Nachrichten-Funktionen deaktiviert, da sie auf einzelne Kommentare nicht reagieren können. Hier stellt sich die Frage, inwiefern der Influencer für seine Follower tatsächlich relevant bleiben kann.

Microblog: → *Blog*, auf dem nur kurze Textnachrichten veröffentlicht werden, oft nicht mehr als 200 Zeichen. Der bekannteste Dienst ist hier Twitter.

Micro-Influencer: ein → *Influencer*, der »nur« eine → *Follower*zahl von 5000 bis 100 000 verzeichnen kann. Er ist dadurch in der Regel deutlich »näher« an seinen Followern dran und verfügt i. d. R. über hohes Expertenwissen.

Nano-Influencer: ein → *Influencer* mit nur geringer Reichweite (ca. 1000 → *Follower*), der allerdings als Influencer mit dem größten Einfluss bzw. der größten Autorität gilt, weil er meist überdurchschnittlich interessiert ist und dadurch die höchsten Interaktionsraten generiert. Nano-Influencer genießen eine hohe Glaubwürdigkeit und können es sich daher durchaus erlauben, ein Werbeangebot abzulehnen, wenn sie persönlich nicht davon überzeugt sind.

Nomophobie: (von engl.: no mobile phone phobia) die Angst, mit dem Handy nicht erreichbar zu sein

Peer Influencer: (engl. peer: Kollege oder Gleichaltriger) ein → *Influencer*, der im Unternehmen oder in Institutionen aktiv ist und deren Produkte oder Leistungen beschreibt, indem er → *Blogs* oder Foren leitet, Artikel und / oder seine Meinung bzw. Erfahrungsberichte im Internet → *postet*. Durch seine Äußerungen übt er Einfluss innerhalb seiner »peers« wie Berufskollegen oder Geschäftspartner aus. Neben hauptberuflichen Peer Influencern setzen Firmen oft bekannte Persönlichkeiten aus Film, Sport, Kunst oder Wissenschaft als Influencer auf sozialen Plattformen ein. Das → *Image* der jeweiligen Person wird genutzt, um dadurch einen Einfluss auf die Zielgruppe auszuüben.

Podcast: eine Audio- oder Videodatei, die auf dafür speziell ausgerichteten Plattformen Hörern zur Verfügung gestellt wird (z. B.

→ *Spotify* oder iTunes) bzw. von Podcastern hochgeladen wird. Es handelt sich um kostenlose Beiträge zu allen möglichen Themen.

Posts / posten: (engl. post: Artikel, Veröffentlichung, to post: veröffentlichen) Nachrichten und Informationen, die im Internet publiziert werden

Scrum: ursprünglich im Projekt- oder Produktmanagement eingeführte Methode, kommt aus dem IT-Bereich. Mittlerweile aber in unterschiedlichen Branchen und Bereichen eingesetzt, da sie sich als flexiblere Methodik versteht im Vergleich zu starren Organisationsformen, die weniger geeignet sind, agil zu handeln. Bei dieser Methode agiert der Projektleiter eher als Moderator denn als Manager.

Sharen: (engl. to share: teilen) Wenn ein digitaler Beitrag sehr gut gefällt, hat der Leser auf jeder → *sozialen Plattform* die Möglichkeit, diesen an sein Netzwerk weiterzuleiten. Dann »teilt« er den Beitrag.

Sharing Community / Share Community: Diese Begrifflichkeit wird sehr unterschiedlich verwendet: Gemeint ist hier die Möglichkeit, digital Informationen auf unterschiedlichste Art schnell und einfach zu teilen (vgl. → *sharen*) durch die verstärkte Nutzung der Informationstechnologien. Gleichzeitig spielen auch soziale Aspekte wie Konsumentenverhalten und -gewöhnung, Wertschätzung von Eigentum bzw. Verzicht darauf eine entscheidende Rolle.

Soziale Plattform / Soziale Medien (Social Media): alle digitalen Technologien und Medien, über die sich Nutzer austauschen können. Die bekanntesten sind Facebook, → *Instagram*, Twitter, Snapchat, Pinterest und Tumblr.

Spotify: eine Internetplattform, über die nicht nur Musiktitel, sondern auch → *Podcasts* heruntergeladen werden können, sodass sie auf allen Endgeräten (wie Smartphone, iPad, PC, Laptop) gehört werden können. Die Musiktitel / Daten können auch nur temporär zwischengespeichert werden.

Thought Leader: Die Meinung eines Thought Leaders ist anerkannt, er gilt als Meinungsführer. Dies kann auch ein Unternehmen sein, das für seine Expertise geschätzt und anerkannt ist. Wir verstehen darunter auch Vordenker, die auch über ihre Branche hinweg Impulse setzen und hervorragend kommunizieren können.

Unbossing: Führungsstil, der im agilen Führungskontext üblich ist. Klare Anweisungen und Kontrolle weichen neuen Methoden, die stark von Vertrauen geprägt sind und ein Umdenken des bisherigen Führungsverhaltens erfordern: Die Förderung der Talente des Einzelnen und des Teams werden in den Mittelpunkt gesetzt. Klassische Hierarchien haben ausgedient, »Command & Control«-Systeme gehören der Vergangenheit an.

VUKA: Akronym, das sich zusammensetzt aus »Volatil«, »Ungewiss«, »Komplex« und »Ambig«. Damit ist unser komplexes Zeitalter gemeint, in dem wir lernen müssen, mit schnellen Veränderungen umzugehen.

Quellenverzeichnis

Quellen Kapitel 1

1 https://www.gevestor.de/news/stark-wachsendes-software-unternehmen-veeva-systems-834501.html (abgerufen am 20.02.2020)

2 https://www.wallstreet-online.de/nachricht/11957252-innovationen-bieten-geschaeftsanwendern-groessere-flexibilitaet-veeva-crm (abgerufen am 20.02.2020)

3 https://www.canr.msu.edu/news/emotions_are_contagious_learn_what_science_and_research_has_to_say_about_it (abgerufen am 20.01.2020)

4 https://www.wiwo.de/unternehmen/dienstleister/werbesprech-influencer-marketing-steckt-in-der-krise/24486090.html (abgerufen am 20.02.2020)

5 ebd.

6 Robert B. Cialdini: Die Psychologie des Überzeugens. Göttingen, Hogrefe Verlag 2003

7 https://ecommerce-news-magazin.de/online-marketing/empfehlungsmarketing/hochschule-macromedia-und-webguerillas-veroeffentlichen-influencer-marketing-studie/ (abgerufen am 20.02.2020)

8 https://de.wikipedia.org/wiki/F%C3%BChrung_(Sozialwissenschaften)

9 https://www.olapic.com/resources/consumers-follow-listen-trust-influencers_article/ (abgerufen am 20.03.2020)

10 https://upload-magazin.de/blog/19798-micro-influencer/ (abgerufen am 06.01.2020)

11 Prof. Dr. Julian M. Kawohl, Florian Lieke, Sven Wedig: Influencer-Marketing und Strategien digitaler Superstars – was kann man von Kardashian & Co. für den Erfolg im Netz lernen? Studie der Hochschule für Technik und Wirtschaft Berlin vom 15.02.2019, https://18340a7b-c60f-42a9-b283-542b49515092.filesusr.com/ugd/63eb59_9497bdd5df31453d80e814f6ac8d27cd.pdf (abgerufen am 20.03.2020)

12 Barbara Liebermeister: Digital ist egal. Offenbach, GABAL Verlag 2017

13 https://entwickler.de/online/agile/project-aristotle-google-teameffektivitaet-297598.html (abgerufen am 24.02.2020)

14 Jörg Knoblauch, Benjamin Kuttler: Das Geheimnis der Champions – Wie exzellente Unternehmen die besten Mitarbeiter finden und binden. Frankfurt / Main, Campus Verlag 2016

15 ebd.

16 https://www.gallup.de/file/245450/Engagement_Index_2018_Presentation.pdf (abgerufen am 24.02.2020)

17 https://www.gallup.com/workplace/236234/makes-better-boss.aspx (abgerufen am 24.02.2020)

Quellen Kapitel 2

1 Insa Klasing: Der 2-Stunden-Chef: Mehr Zeit und Erfolg mit dem Autonomie-Prinzip. Frankfurt / Main, Campus Verlag 2019

2 https://ifidz.de/digital-leadership-beratung/leadership-development-berater/fuehrungskraefteentwicklung-fuehrungskraefte-entwicklung-beratung/ (abgerufen am 24.02.2020)

3 https://newsroom.dm.de/pressreleases/kundenmonitor-2019-dm-ist-beliebtester-lebensmitteleinzelhaendler-und-mit-grossem-abstand-der-beliebteste-drogeriemarkt-deutschlands-2918547 (abgerufen am 24.02.2020)

4 Barbara Liebermeister: Podcast »Business Secrets«: Warum Frauen geliked werden und Männern gefolgt wird, Spotify, 01.11.2019 https://open.spotify.com/show/3qauS6sRxYssh1fWgTr0on?si=ULxfIgmV SXukk1uVtQ-f6g

5 https://www.youtube.com/watch?v=UTXujDkLtLU (abgerufen am 24.02.2020)

6 Hassan Osman: Effective delegation of authority: A (Really) Short Book for New Managers About How to Delegate Work Using a Simple Delegation Process. Unabhängig veröffentlicht, 2019

7 https://www.computerbild.de/artikel/cb-News-Panorama-Britischer-Bastler-baut-TIE-Silencer-in-Originalgroesse-nach-19564637.html (abgerufen am 06.04.2020)

8 Bronwyn Freyer, Thomas A. Stewart: Ich musste lernen loszulassen. Interview mit John Chambers. In: Harvard Business Manager, Januar 2009

Quellen Kapitel 3

1 https://www.aktiv-online.de/news/wie-philips-die-arbeitswelt-revolutioniert-2239 (abgerufen am 25.02.2020)
2 Stephen Hawking: Kurze Antworten auf große Fragen. Stuttgart, Klett-Cotta 2019
3 Safi Bahcall: Loonshots – How to Nurture the Crazy Ideas That Win Wars, Cure Diseases, and Transform Industries. New York, Macmillan USA 2019
4 https://www.managerseminare.de/ms_Artikel/Corporate-Moonshots-Greift-nach-den-Sternen,272714, dort auch der Podcast (abgerufen am 25.02.2020)
5 https://www.sueddeutsche.de/karriere/scheitern-im-beruf-sturz-ins-bodenlose-1.3036452/ (abgerufen am 25.02.2020)
6 https://www.zeit.de/zeit-wissen/2013/04/kunst-scheitern-fehler-machen/komplettansicht (abgerufen am 25.02.2020)
7 Berit Sandberg, Dagmar Frick-Islitzer: Die Künstlerbrille – Was und wie Führungskräfte von Künstlern lernen können. Wiesbaden, Springer Gabler 2018
8 https://www.zeit.de/2012/18/Museumsfuehrer-Kunzelsau (abgerufen am 26.02.2020)
9 David Eagleman, Anthony Brandt et al.: Kreativität: Wie unser Denken die Welt immer wieder neu erschafft. München, Siedler Verlag 2018

Zusätzliche Quelle:
https://burondo.de/das-neue-headquarter-von-philips-in-deutschland-ein-innovatives-und-flexibles-arbeitsumfeld/ (abgerufen am 25.02.2020)

Quellen Kapitel 4

1 https://www.deutschlandfunk.de/fuehrungskultur-softwarefirma-macht-ernst-waehl-deinen-chef.766.de.html?dram:article_id=421899 (abgerufen am 25.02.2020)
2 https://www.karriere.de/meine-inspiration/als-chef-abgewaehlt-was-ich-gelernt-habe-seit-ich-nicht-mehr-geschaeftsfuehrer-bin/23457872.html (abgerufen am 25.02.2020)
3 https://ifidz.de/digital-leadership-beratung/leadership-development-

berater/kuenstliche-intelligenz-ki-beratung-fuehrungskraefte/ (abgerufen am 28.02.2020)

4 https://www.markenrebell.de/wp-content/uploads/2017/10/mk_ebook_Chief-Digital-Officer.pdf (abgerufen am 28.02.2020)

5 https://www.handelsblatt.com/unternehmen/beruf-und-buero/the_shift/digitalisierung-der-chief-digital-officer-schafft-sich-selbst-ab/20647710.html (abgerufen am 28.02.2020)

6 Jörg Knoblauch, Benjamin Kuttler: Das Geheimnis der Champions – Wie exzellente Unternehmen die besten Mitarbeiter finden und binden. Frankfurt / Main, Campus Verlag 2016

7 https://www.tagesspiegel.de/wissen/digitale-pioniere-29-thomas-j-watson-der-mann-der-ibm-war/13368414.html (abgerufen am 28.02.2020)

8 https://pr-blogger.de/2019/05/23/wie-die-lv-1871-auf-corporate-influencer-setzt/ (abgerufen am 28.02.2020)

9 Lars Kolind, Jacob Bøtter: Unboss. Kopenhagen, Jyllands-Postens-Verlag 2012

10 https://www.handelszeitung.ch/beruf/unboss-your-company-die-novartis-revolution (abgerufen am 28.02.2020)

11 https://www.linkedin.com/pulse/how-top-employer-times-change-joy-jinghui-xu/ (abgerufen am 28.02.2020)

12 https://t3n.de/news/blinkist-869818/ (abgerufen am 01.03.2020)

13 https://www.soulbottles.de/soulblog/soul-work/der-stein-ist-ins-rollen-gekommen-rethink-work (abgerufen am 01.03.2020)

Zusätzliche Quellen:

H. James Wilson, Paul R. Daugherty: Künstliche Intelligenz: Mensch und Maschine als Team. Harvard Business Manager, Oktober 2018, S. 56 ff.

Heike Bruch, Walter Jochmann, Anna-Patricia München, Frank Stein: Auf digitaler Mission. Harvard Business Manager, April 2019, S. 3 ff.

Quellen Kapitel 5

1 https://www.zukunftsinstitut.de/artikel/friedhof-der-statussymbole/(abgerufen am 03.03.2020)

2 https://www.wiwo.de/erfolg/management/der-neue-erfolg-karriere-ohne-statusdenken/19935406.html (abgerufen am 03.03.2020)

3 https://www.zukunftsinstitut.de/artikel/friedhof-der-statussymbole/ (abgerufen am 03.03.2020)

4 https://karriere.sn.at/karriere-ratgeber/fort-weiterbildung/wo-der-titel-regiert-28942096 (abgerufen am 03.03.2020)

5 https://media.kienbaum.com/wp-content/uploads/sites/13/2019/03/2017_Studie_Organigramm-deutscher-Unternehmen_Kienbaum-Stepstone-Studie_2017.pdf (abgerufen am 03.03.2020)

6 Helene Endres et al.: Wir stellen die Machtfrage. Umfrage im Harvard Business Manager Spezial, Sonderheft »Macht«, Januar 2019, S. 1–7

7 Helene Endres et al.: Wir stellen die Machtfrage. Umfrage im Harvard Business Manager Spezial, Sonderheft »Macht«, Januar 2019, S. 13 ff.

8 Christiane Brandes-Visbeck, Ines Gensinger: Netzwerk schlägt Hierarchie: Neue Führung mit Digital Leadership. München, Redline Verlag 2017

9 https://www.zukunftsinstitut.de/artikel/digitalisierung/wir-brauchen-netzwerke-die-ihr-eigenes-ding-machen/ (abgerufen am 04.03.2020)

10 https://karrierebibel.de/eigenverantwortung/ (abgerufen am 04.03.2020)

11 https://www.zukunftsinstitut.de/artikel/mtglossar/konnektivitaet-glossar/, Stichwort »OMLINE« (abgerufen am 04.03.2020)

12 https://www.heise-regioconcept.de/social-media/nano-influencer-kleine-zielgruppe-grosse-wirkung (abgerufen am 04.03.2020)

13 https://onlinemarketing.de/news/micro-influencer-weniger-follower-hoehere-ziele (abgerufen am 04.03.2020)

14 https://www.ionos.de/digitalguide/online-marketing/social-media/micro-influencer-die-besseren-markenbotschafter/ (abgerufen am 04.03.2020)

Quellen Kapitel 6

1 Dave Stachowiak im Podcast mit Oscar Trimboli am 28.09.2019, zu hören hier: https://coachingforleaders.com/podcast/deep-listening-oscar-trimboli

2 https://www.wiwo.de/erfolg/management/unternehmenserfolg-wer-als-chef-nicht-zuhoert-wird-bald-ueberfluessig-sein/22917960.html (abgerufen am 04.03.2020)

3 https://www.wiwo.de/erfolg/jahresgespraeche-gut-dass-wir-darueber-geredet-haben/5232584.html (abgerufen am 05.03.2020)

4 https://www.cio.de/a/die-kritikpunkte-an-jahresgespraechen,2898761 (abgerufen am 05.03.2020)

5 https://hbr.org/2013/11/when-you-feel-powerful-you-talk-too-much-and-your-subordinates-perform-poorly (abgerufen am 05.03.2020)

6 Dave Stachowiak im Podcast mit Oscar Trimboli am 28.09.2019, zu hören hier: https://coachingforleaders.com/podcast/deep-listening-oscar-trimboli/ (aufgerufen am 04.03.2020)

7 Gregory Kramer: Einsichts-Dialog – Weisheit und Mitgefühl durch Meditation im Dialog. eBook, Freiburg, Arbor Verlag 2018

8 https://ifidz.de/digital-leadership-beratung/#metastudie-2019 (abgerufen am 05.03.2020)

9 https://onlinemarketing.de/news/akustische-influencer-advertiser-podcast-trend-profitieren (abgerufen am 05.03.2020)

10 https://www.stepstone.de/Ueber-StepStone/wp-content/uploads/2018/08/Kienbaum-StepStone_Die-Kunst-des-F%C3%BChrens-in-der-digitalen-Revolution_Webversion.pdf (abgerufen am 05.03.2020)

Quellen Kapitel 7

1 https://www.welt.de/wirtschaft/bilanz/article173319595/Was-ist-eigentlich-eine-Marke.html (abgerufen am 05.03.2020)

2 https://webershandwick.de/press_release/ceo-reputation-studie-externes-ceo-engagement-hilft-unternehmensruf-und-recruiting/ (abgerufen am 06.03.2020)

3 https://rainerwaelde.de/epos-award-baecker-plentz-schreibt-als-sinnstifter-geschichte/ (abgerufen am 06.03.2020)

4 Franz-Rudolf Esch: Das Rückgrat starker Marken Identität, Frankfurt / Main, Campus Verlag 2016

5 Iris Heilmann: Corporate Influencing – Unternehmenskommunikation 4.0. ManagerSeminare, Heft 259, Okt. 2019, S. 46–54

6 https://www.rolandberger.com/publications/publication_pdf/roland_berger_tab_eine_frage_der_wahrnehmung_d_20150804.pdf, Seite 2 (abgerufen am 09.03.2020)

7 https://blog.wiwo.de/management/2019/09/12/gallup-studie-2019-rund-sechs-millionen-beschaeftigte-glauben-nicht-an-ihr-unternehmen-mit-122-milliarden-euro-folgeschaeden-schuld-sind-die-fuehrungskraefte-selbst/ (abgerufen am 09.03.2020)

8 Gallup-Studie: https://www.gallup.com/file/services/182216/StateOf-AmericanManager_0515_mh_LR.pdf (aufgerufen 09.03.2020)

9 https://www.theglobeandmail.com/report-on-business/careers/careers-leadership/ings-peter-aceto-sees-value-in-a-good-tweet/article623020/ (abgerufen am 09.03.2020)

10 https://www.experteer.de/magazin/warum-fuehrungskraefte-auf-sozialen-kanaelen-aktiv-werden-sollten/ (abgerufen am 09.03.2020)

11 https://www.businessinsider.de/die-liste-der-einflussreichsten-dax-chefs-auf-social-media-2019-10?IR=T (abgerufen am 09.03.2020)

12 https://www.kontor4.de/beitrag/aktuelle-social-media-nutzerzahlen.html (abgerufen am 09.03.2020)

13 Sina Trinkwalder: Zukunft ist ein guter Ort. Utopie für eine ungewisse Zeit. München, Droemer 2019

14 Bettina Volkens, Kai Anderson et al.: Digital Human. Frankfurt / Main, Campus Verlag 2018, S. 15

15 https://www.wiwo.de/erfolg/management/begeisterung-fuer-den-job-alte-tugenden-schlagen-new-leadership/25063412.html (abgerufen am 09.03.2020)

Zusätzliche Quelle:

Franz-Rudolf Esch: Identität – Das Rückgrat starker Marken. Frankfurt / Main, Campus Verlag 2016

Quellen Kapitel 8

1 Jon K. Katzenbach, Douglas K. Smith: The wisdom of teams – Creating the High-Performance Organization. Harvard Business Review Press 1993, Mc Kinsey & Company, First E-Book Edition 2015

2 Dr. Mario Herger: Das Silicon Valley Mindset. Was wir vom Innovationsweltmeister lernen und mit unseren Stärken verbinden können. Kulmbach, Börsen Medien 2016

3 https://www.welt.de/wirtschaft/article188559111/Millionaere-Die-Deutschen-koennen-den-Reichtum-der-Anderen-kaum-aushalten.html (abgerufen am 09.03.2020)

4 https://entwickler.de/online/agile/project-aristotle-google-teameffektivitaet-297598.html (abgerufen am 24.02.2020)

5 Gisbert Rühl: Digital Culture. Digitalisierung beginnt im Kopf. In: Bettina Volkens, Kai Anderson et al.: Digital Human: Der Mensch im Mittelpunkt der Digitalisierung. Frankfurt / Main. Campus Verlag 2018, S. 183–192

6 Stanley McChrystal et al.: Führung: Mythos und Realität. München, Redline Verlag 2019

7 https://www.adp.com/-/media/adp/ResourceHub/pdf/ADPRI/AD-PRI0102_2018_Engagement_Study_Technical_Report_RELEASE%20 READY.ashx (abgerufen am 10.03.2020)

8 https://www.stern.de/wirtschaft/job/ibm-streicht-das-homeoffice--wie-arbeiten-wir-denn-nun-in-zukunft--7382992.html (abgerufen am 10.03.2020)

9 https://www.basicthinking.de/blog/2019/11/20/community-marketing-influencer-marketing/ (abgerufen am 10.03.2020)

10 Wilfried Port: Agile Leadership. Ein Wettbewerbsvorteil in einem volatilen Umfeld. In: Bettina Volkens, Kai Anderson et al.: Digital Human: Der Mensch im Mittelpunkt der Digitalisierung. Frankfurt / Main. Campus Verlag 2018, S. 193–200

Zusätzliche Quellen:

Simon Sinek: Leaders Eat Last: Why Some Teams Pull Together and Others Don't. New York. Penguin Random House 2014

Stephen Hawking: Kurze Antworten auf große Fragen. Stuttgart, Klett Cotta 2018

Die Autorin

Barbara Liebermeister ist Managementberaterin, Buchautorin und Rednerin. Sie begann ihre berufliche Karriere im Marketing internationaler Konzerne (u. a. Christian Dior, L'Oréal und Hoechst). Ihre Schwerpunktthemen sind Leadership, (Selbst-)Führung und Beziehungsmanagement im digitalen Zeitalter. Sie berät und coacht vorrangig Führungskräfte von Start-up-Unternehmen bis hin zum Dax-Konzern – jeweils abgestimmt auf deren individuellen Businessalltag und Bedarf.

Barbara Liebermeister ist Gründerin und Leiterin des Instituts für Führungskultur im digitalen Zeitalter (IFIDZ), Frankfurt am Main. Das Institut erforscht und fördert die Management- und Führungskultur im Zeichen der Digitalisierung und entwickelt Methoden, mit denen die Digital- und die Führungsreife der Führungskräfte nachhaltig gesteigert werden können. Sie ist Dozentin an folgenden Hochschulen: RWTH Aachen, Hochschule Kempten und an der Bucerius Law School in Hamburg. Gleichzeitig ist sie als Mentorin für die hessischen Universitäten tätig.

Sie ist im Fachbeirat der Stiftung Integrata, die sich für die humane Nutzung der IT-Technologie einsetzt, ist Jurymitglied beim Bankengipfel und Mitglied bei der Akademie für neurowissenschaftliches Bildungsmanagement.

www.ifidz.de

Dein Business

Aktuelle Trends und innovative Antworten
auf brennende Fragen in den Bereichen
Business und Karriere.

Dein
Business

Anne M. Schüller,
Alex T. Steffen
**Die Orbit-
Organisation**
ISBN
978-3-86936-899-3
€ 34,90 (D)
€ 35,90 (A)

Martin Limbeck
**Limbeck.
Verkaufen.**
ISBN
978-3-86936-863-4
€ 59,00 (D)
€ 60,70 (A)

Stephanie Borgert
Die kranke Organisation
ISBN 978-3-86936-900-6
€ 25,00 (D) / € 25,80 (A)

Anke van Beekhuis
Wettbewerbsvorteil Gender Balance
ISBN 978-3-86936-901-3
€ 24,90 (D) / € 25,60 (A)

Andreas Buhr, Florian Feltes
Revolution? Ja, bitte!
ISBN 978-3-86936-862-7
€ 32,90 (D) / € 33,90 (A)

Ulrike Knauer
Wahres Interesse verkauft
ISBN 978-3-86936-902-0
€ 24,90 (D) / € 25,60 (A)

Günter Schmitz
Unternehmertum ist nichts für Feiglinge
ISBN 978-3-86936-865-8
€ 29,90 (D) / € 30,80 (A)

Susanne Klein
Kein Mensch braucht Führung
ISBN 978-3-86936-903-7
€ 29,90 (D) / € 30,80 (A)

Alle Titel auch als E-Book erhältlich

gabal-verlag.de

Dein Erfolg

Erprobte Strategien, die Ihnen auf dem Weg zum Erfolg hilfreiche Abkürzungen bieten.

Dein Erfolg

Tobias Beck
Unbox your Life!

ISBN
978-3-86936-869-6
€ 19,90 (D)
€ 20,50 (A)

Monika Matschnig
Körpersprache. Macht. Erfolg.

ISBN
978-3-86936-906-8
€ 25,00 (D)
€ 25,80 (A)

Aaron Brückner
Sei der CEO deines Lebens!
ISBN 978-3-86936-907-5
€ 22,00 (D) / € 22,70 (A)

Cordula Nussbaum
LMAA
ISBN 978-3-86936-872-6
€ 17,00 (D) / € 17,50 (A)

Stephen R. Covey
Die 7 Wege zur Effektivität
ISBN 978-3-86936-894-8
€ 24,90 (D) / € 25,60 (A)

Max Finzel
Der Traum in dir
ISBN 978-3-86936-871-9
€ 19,90 (D) / € 20,50 (A)

Ilja Grzeskowitz
Radikal menschlich
ISBN 978-3-86936-870-2
€ 22,90 (D) / € 23,60 (A)

Friedbert Gay, Debora Karsch
Das persolog® Persönlichkeits-Profil
ISBN 978-3-86936-929-7
€ 34,90 (D) / € 35,90 (A)

Alle Titel auch als E-Book erhältlich

gabal-verlag.de